用Scrum團隊開始敏捷開發

SCRUM BOOT CAMP

23場工作現場的敏捷實戰演練

SCRUM BOOT CAMP THE BOOK【增補改訂版】
(SCRUM BOOT CAMP THE BOOK ZouhoKaiteiban: 6368-0)

Original Japanese edition published by SHOEISHA Co.,Ltd.

在敏捷轉型的路上，你並不孤單

碁峰拿給我這本書書稿的時候，我正在水深火熱之中。

一方面，在協助企業推動敏捷（Agile）開發與 DevOps；另一方面，還帶著教育訓練中心關於開發流程的相關課程。雖然時間上是異常忙碌，但閱讀，一直是我長期以來的習慣，既然碁峰又提供了一本好書，自然得抽空拜讀一番。

沒想到，這本書比我預期的好讀很多，一頁一頁翻著，不消幾天，居然就把這本書整個看了一遍。或許也是因為，書中描述的內容，本來就是我相當熟悉的 Scrum，而書籍撰寫與編排的典型日式風格，讓人讀起來非常輕鬆愉快。

同時，因為我正好也在企業指導敏捷開發，還真的碰到不少學員詢問我關於 Scrum 的問題。像是：敏捷開發中時程如何預估？ Scrum 的各種會議（event）與角色（Role）內涵是什麼？回顧會議（Retrospective）該怎麼開才好？敏捷所想要的自組織具體是什麼，該如何建立？什麼是潛在可交付產品增量？ Sprint Goal 沒有達成該怎麼辦，下個迭代繼續？每次 Daily Scrum 都超時，這樣對嗎，該怎麼改善呢？

凡此種種，都是剛接觸敏捷的學員們，日常會碰到的真實問題。而過去，常因為學員對敏捷的概念還在初步建立的階段，雖然剛才上完了課，但實際進到企業中嘗試導入的時候，立即碰到這些問題，往往也束手無策，無法解決。一不注意，整個團隊又回到了過去不敏捷的開發習慣。連帶著，推動轉型的士氣也受到很大影響。

在我一邊對學員們回答這些問題的同時，腦袋中也想到了這本書中所描述的內容。因為，這本書恰恰好適合這些剛接觸敏捷開發的新手們。書中針對許多敏捷相關的常見疑問，提出了解答。從前因到後果，都有著相當完整的說明。對於初次踏入敏捷的新手們，不失為一個不錯的指引。

敏捷轉型，說起來令人嚮往，然而具體做起來，卻總是讓人膽戰心驚。

在協助企業導入的過往經驗中，我們常常看到負責推動或導入的同仁，歷經了許許多多的挫折和打擊。組織轉型，並不像很多人期待的那樣「風行草偃、水到渠成」，反而是時時挑戰、處處磨難，然後再加上大大小小的坑。有時讓你應接不暇、有時讓你措手不及。

倘若，你正準備在企業內導入敏捷，請先做好心理準備，遭遇挫折絕對是在所難免。然而，每當碰到一個挫折，你應該更加喜樂，因為這些挑戰都是奠定你成功的關鍵，所有的挫折，都是讓你距離成功更進一步的養分。

別忘了，在敏捷轉型的路上，你並不孤單。

而這一本書，或許也可以陪伴你，在你需要的時候，為你帶來一些好的主意與亮光。願你的敏捷轉型，一天比一天更加的充滿活力。

董大偉
光岩資訊資深技術顧問
微軟技術社群區域總監、微軟最有價值專家

借鏡別的人作法，使你的解法更完善

在 VUCA 多變的時代，如何快速因應改變，變成是生存的顯學。其中最有名的做法，非敏捷中的 Scrum 方法莫屬了。

但是，Scrum 是一個以經驗為主的框架，只描述了要做什麼，但是沒有說要怎麼做。並且它鼓勵團隊根據自己的狀況，不斷調整自己的做法，以找出較佳的流程。因此，對於剛接觸 Scrum 的人來，這就變成一件痛苦的事情。從 Scrum 指南中很難看得懂，這些條文或敘述代表什麼。更神奇的是，看到每個團隊跑 Scrum 的時候，所實施的做法大不相同，到底誰才是對的呢？

要如何才能很快了解 Scrum 怎麼做呢？我們可以利用敏捷中的一個實踐：實例化需求（specification by examples）。它提到要如何才能讓需求容易被了解呢？就是以範例來描述需求，大家藉由範例的內容，來知道需求打算做什麼。

而 Scrum BOOT CAMP 這本書，正是落實了這樣的做法，它利用了很多範例來說明 Scrum 到底什麼 , 主要有以下賣點：

（1）有故事

對於只是教條式的解說，很多人容易有看沒有懂，並且也容易忘記。但是換成用故事來描述後，大家彷彿會覺得身歷其境，並且也會覺得心有戚戚焉。更棒的是，它還用了漫畫的方式來呈現，讓你看起來更輕鬆。

（2）大量插畫

文字的解說通常會比較乾些，通常要加上範例才比較好懂，可是這本書做得更多，它大量加上插畫，重新把範例用不同角度呈現，對於剛入門的新手來說，這無疑是份寶藏。

（3）不同狀況題

以往書上只是平鋪直述，解釋 Scrum 的內容是什麼。但是在真實世界中，往往都是狀況題，不會想書中講的這麼理想。這本書另一個很棒的地方，就是不斷提出一些情境，告訴你可以怎樣面對它。

因此，這本書對於新手來說，生動的故事和插畫，可以讓你快速入門。至於 Scrum 的熟手，書中各式各樣的狀況題，可讓你借鏡別的人作法，使你的解法更完善。你還在等什麼，快點來帶一本走。

敏捷三叔公 柯仁傑

台灣敏捷社群創始人

關於增補修訂

本書第一版出版至今，已經過了七年多，在這七年間，日本的敏捷開發也發生了巨大變化，許多領域都開始採用敏捷開發。日本的大型敏捷開發相關活動越來越多，許多人會分享案例，blog 上也有很多實踐案例。值得高興的是，這期間很多想採用 Scrum 的讀者也拿起了這本書。

另一方面，Scrum 在過去七年中也有了變化。本書第一版出版後，Scrum 官方的《Scrum 指南》又在 2013 年、2016 年和 2017 年進行了修訂[譯註]，增刪了一些規則（例如，每日 Scrum 曾要求開發團隊成員回答三個問題，但現在這三個問題是可選擇的），也修訂了一些術語。

由於這些變化，本書第一版中的部分內容與 Scrum 的最新定義不一致，當然這並不是說用第一版內容作為 Scrum 開發的基礎會有什麼問題，但若是各位要學習，當然希望是學最新的內容，所以我們決定根據最新的《Scrum 指南》（2017 年版）進行修訂，我們也對專欄和以前的文章進行審視修改，盡可能地傳達當前的開發現場狀況。

希望本書能對讀者有所幫助，這將是我們最大的喜悅。

作者群

譯註：本書翻譯時已經有 2020 年修訂版。

CONTENTS

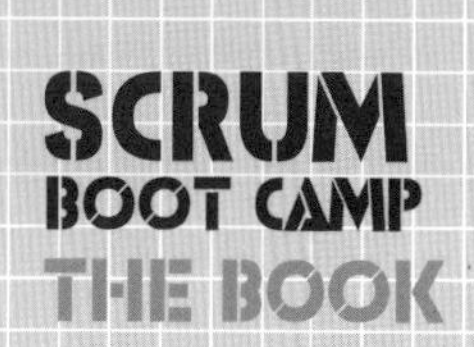

實踐篇

如何才能順利進行？

C
ONTENTS

SCRUM BOOT CAMP THE BOOK

ONTENTS

SCRUM BOOT CAMP THE BOOK

C ONTENTS

這是關於什麼的書？

Scrum 是一種敏捷的（agile）軟體開發方式，已廣為大家接受。它總結了一些要點，包括該如何充分利用開發現場的人員能力，並將重點放在大家如何合作，所以非常簡單且容易導入。

相信許多人都正考慮在實際開發中實施 Scrum，然而當真正嘗試使用 Scrum 時，還是會遇到很多煩惱，例如：

- 很多事項都沒預先制定的規則，因此感到不安。
- 在自己的工作環境中，似乎無法完全適用。
- 不太清楚每天要做哪些工作。
- 查到有人寫「Scrum 只是架構，要根據自己的環境調整」而不知如何是好。

我們認為 Scrum 是一種很好的做法，而且重點是我們喜歡這個做法，很希望正要採用的人能在實際工作中順利進行，所以我們想告訴大家如何用 Scrum 順利進行開發，可從本書了解 Scrum 的以下內容。

- **整體樣貌與預先制定的規則**　Scrum 已經制定好一套規則，不知道這些規則就無法繼續，因此首先要正確理解規則。
- **順利進行實際開發的要點**　只有遵循規則是行不通的，讓我們了解該如何避免這種情況。
- **在自己的工作環境中順利導入的要點**　了解別人是怎麼做的，可以將想法活用在自己的環境中。

如果你正考慮採用 Scrum，本書會從認識 Scrum 開始，一直介紹到導入工作時所需知道的事情，讓你可以大致掌握 Scrum。如果你已經在使用 Scrum，也可以得到一些線索以解決煩惱，並了解到該學習什麼才能得到更多成果。

如何閱讀此書

本書將解釋何謂 Scrum，以及如何順利導入自己的工作環境，架構如下。

- **基礎篇** 說明 Scrum 的整體樣貌，以及預先制定的規則。
- **實踐篇** 在虛構的開發現場依照時間順序，解釋如何從頭開始進行 Scrum。

為了解釋在實際開發現場中是如何使用 Scrum 的，實踐篇會虛構一個開發現場，並且用漫畫形式盡可能傳達實際現場的氣氛。先用漫畫介紹大家常存疑或擔心的場景，再以文章解釋，與大家一起思考問題。

如果你想採用 Scrum，請從基礎知識部分開始按順序閱讀，了解 Scrum 的全貌。書中有許多在嘗試 Scrum 時實際會遇到的事情，如果實務上遇到問題，也可以跳到該部分尋找提示，不過也請參閱其他部分，以求完整性。

…此圖表示該處對於 Scrum 開發流程特別重要。

…此圖表示專欄將介紹來自實際開發現場的故事和祕訣。

最後說些話

我們曾經在許多開發現場參與了以 Scrum 流程進行的開發，本書想將經驗盡可能分享給各位，這些也是具體、可實踐的項目，這就是為何本書要以 Scrum 開發過程中經常會遇到的事情為題材，幫助各位學習。在開發現場使用 Scrum 時，這些必定會成為一個良好的起點，然而本書並未涵蓋 Scrum 的一切，不要只是囫圇吞棗本書的內容，而是要一邊閱讀、一邊思索在自己的環境中會是什麼情況。

那麼現在就一起來了解 Scrum 吧！

初次見面!!

「嗯，傷腦筋……」

為什麼我會被指派為公司第一個將 Scrum 導入開發的人呢？也就是組織圖上寫的 Scrum Master。在解釋發生什麼事之前，先做個自我介紹。我叫「小僕」，這次因為偶然的機會成了 Scrum Master。

小僕
Scrum Master

在公司的第三年，新手 Scrum Master。在學期間較長，所以目前 26 歲。
剛從客戶系統開發團隊轉到內部系統部門。性格開朗積極，比其他人更想改善開發現場環境。有豐富的領導經驗以及行動力，所以部長有很高的期許，但行動常常欠缺深思熟慮，陷自己於困境。

這裡先稍微說明一下背景：我喜歡建立客戶業務系統和 B2B 服務，自從開始領導開發團隊後，就想要改善開發現場並鼓勵大家。此時偶然發現 Scrum，雖然無法馬上掌握，但感覺能帶來一些好處，幫助那些在思考產品的人以及開發人員合作前進，而且我也喜歡有個專職人員負責改善開發現場。最近的確常看到 Scrum 這個詞，所以有點好奇，正好此時在公司例會上，有人問到最近有什麼感興趣的事情，所以想試試看 Scrum。

其實我完全忘了曾在會議上說過這件事，但聽說後來高層會議有討論到。

- 高層 A 「我們公司也應該嘗試導入 Scrum 看看」
- 高層 B 「聽說競爭對手已經導入了」
- 大家 「我們不能落後」
- 高層 C 「所以一定要導入之後的開發」
- 社長 「最近正好在開發內部系統，就來試試看吧」
- 大家 「不過該找誰來進行呢？」
- 高層 C 「正好有個人說想試試看」
- 大家 「好，就交給他吧！」

我本來也不知道有這些討論，某天突然就被指派去負責公司內部的一個新開發專案，然後就收到了下面這封信。

重要：關於負責團隊的變更

 **部長**

To 小僕
我是部長，

你將負責公司第一個導入 Scrum 的開發專案，你的願望終於要實現了，希望能成功！
我想再詳細説明一下，還有問幾個 Scrum 的問題，明天上午請來我座位。

以上。

嗯 !? 我要負責用 Scrum 進行開發？然後明天去找部長？是的，這就是我在煩惱的，因為我對 Scrum 一無所知……總不能沒準備就去找部長，先來讀一下前陣子買的《SCRUM BOOT CAMP THE BOOK》吧！

基礎篇

什麼是 Scrum?

基礎篇將說明敏捷開發的概要及 Scrum 的整體樣貌，給對敏捷開發和 Scrum 有興趣進一步了解的人。馬上就來學習在敏捷開發時所需的必備知識吧！

前言

建構軟體並非易事。

雖然一開始就想好要做什麼，但真的開始動工後，可能中途需求就改變了，還會出現各種新的要求。

建構軟體可能會花很長的時間，甚至會造成失去其原本意義，而花費了龐大費用，得到的成品也不見得能達到期望。

在建構軟體時，真正重要的是什麼？

就是實際使用軟體成品解決客戶和使用者的問題，賺取回報，也就是取得實際成果。

建構軟體本身不是目的，而是取得成果的手段。

因此，需要弄清楚為何要建構軟體，並時常確認目前所為是否真能達成其效果。

在此過程中，如果想到了比先前更好的點子，那就接受並改變建構的東西，這樣做能將成果最大化。

什麼是敏捷開發？

那麼，為了達成目的並最大化成果，該怎麼進行呢？可以採用以下的方式。

- 所有相關人員彼此合作實現目標
- 分段實作產品，而不是所有功能同時完成，從早期就提供能正常運作的軟體，並持續反覆評估
- 持續從使用者或相關人員獲得回饋，並調整計劃

這種開發過程稱為敏捷開發。

這個詞是在 2001 年誕生的。為了解決傳統開發過程的繁重問題，經過各種試誤以及各種討論，有群人發現他們的基本想法有許多共通之處，而提出了敏捷軟體開發宣言（https://agilemanifesto.org/iso/zhcht/manifesto.html）。

換句話說，敏捷開發並不是指任何單一的開發方法，而是指類似的開發方法的共通價值觀與行為原則，而且有許多不同方法體現這些原則。主要的方法是 Scrum、極限程式設計（Extreme Programming）和看板（Kanban）。

各種敏捷開發方法的共通點是以「一切都無法事先準確預測及計劃」為前提。在傳統開發方法中，所有需求都是事先收集的，並估計所需時間、人力，以及成本。

而在敏捷開發中，是先決定在專案上要花的時間及人數，在其範圍內，從最重要的需求開始打造產品（產品是指敏捷開發的實際產品，主要指軟體，也包括必要的文件）。亦即會從重要、高風險的需求開始進行，其他放在後面，從而最大化成果。

什麼是 Scrum ？

如上所述，Scrum 是敏捷開發方法之一。

Scrum 由 Jeff Sutherland 和 Ken Schwaber 在 1990 年代創立，是將野中郁次郎與竹內弘高在 1986 年發表於《哈佛商業評論》（Harvard Business Review）的文章「新新產品開發遊戲」（The New New Product Development Game）的內容，應用在軟體開發上，而 Scrum 這個名稱也是來自該文章。

Scrum 具有以下特點。

- 依照價值、風險或必要程度，對需求進行排序，並依此順序建構產品，以達成成果最大化
- 在 Scrum 中進行作業時，將時間切分成固定且短的區間，固定的時間區間稱為**時間盒**（timebox）
- 時常釐清目前狀況和問題，即所謂的**透明**（transparency）
- 定期檢查進度，確認所製作的產品是否能得到預期的結果，以及工作方式是否存在問題，即所謂的**檢驗**（inspection）
- 如果做法有問題，或是有能做得更好的方法，我們就改變做法，即所謂的**調適**（adaptation）

Scrum 適合處理未知多於已知的複雜問題，它由一套最基本的規則組成：5 種**事件**（event，會議等）、3 種**角色**（role，人的角色）和 3 個**產出物**（artifact）。因為只有最低限度的規則，所以我們必須自己找出如何應用這些規則。此外還要根據自己的情況，決定 Scrum 中未定義部分的做法，譬如如何撰寫程式碼，如何測試，這些都是建構產品所需的。因此它也可以說是一種架構（framework）。

Scrum 的規則定義在**《Scrum 指南》**（https://www.scrumguides.org/）[譯註 1]，第一版於 2010 年發布，此後每隔 1 至 2 年就會有修訂內容，可以說《Scrum 指南》自己也是以反覆的檢驗和調適來更新的。

本書以《Scrum 指南》2017 年版為基礎進行解說，這是撰寫本書時的最新版本，而指南也仍會修訂，所以請視需要查詢最新版本[譯註 2]。

知道了特點後，我們依次看看 Scrum 中預先制定的事項。

對功能和要求進行排序

第 1 想實作的
第 2 想實作的
第 3 想實作的
第 4 想實作的
第 5 想實作的
第 6 想實作的
第 7 想實作的
⋮
第 99 想實作的
第 100 想實作的

【產出物 1】產品待辦清單

- 列出並排序想實作的東西
  - 並非優先程度
- 時常維護並保持最新狀態
  - 項目追加或刪減
  - 定期審閱順序
- 最重要的項目應先估算完成（定期重新估算）

在 Scrum 中，我們會列出產品所需的功能、需求、請求、修正等項目，建立一個稱為**產品待辦清單**（product backlog）的列表，依序排列。每個產品只能有一個待辦清單，其中的項目是依照這些項目帶來的價值、風險和必要性排序的。

譯註 1：網站上也提供繁體中文版的指南。

譯註 2：翻譯時的最新版本為 2020 年 11 月的修訂版。

待辦清單中的每個項目都有唯一順序，開發時會依序從前面的項目開始，因此順序越高，內容就越具體而詳細。此外還要對每個項目（特別是排比較前面的）進行估算（estimation）以用於計劃。估算通常是基於工作量的相對值，而非時間或金額等絕對值。

產品待辦清單並不是建立然後排序就算完成了。需求不斷變化，新的需求也不斷冒出，實作順序也會根據情況改變。因此產品待辦清單必須在整個產品建構過程中，時時更新，保持最新狀態。

產品待辦清單的項目沒有特定的寫法，不過通常是用使用者故事（User Story）的形式來寫。

誰是產品的負責人？

【角色 1】產品負責人

- 負責產品的 What
- 最大化產品價值
- 產品的負責人（對結果負責），每項產品都需要一個人
- 產品待辦清單的管理者
- 產品待辦清單項目順序的最終決定者
- 確認產品待辦清單項目是否完成
- 可與開發團隊商量，但不能干涉
- 與利害關係人合作

負責管理產品待辦清單的人被稱為**產品負責人（PO, Product Owner）**。

產品負責人是對產品負責的人，每項產品都會有一位（不是合議制的委員會），負責利用開發團隊最大化產品帶來的價值，所以除了對產品待辦清單進行排序之外，還會負責以下事項。

- 訂出明確的願景並傳達給大家
- 制定大致的發布計劃
- 管理預算
- 與客戶、產品使用者、組織相關部門等相關人士討論確認產品待辦清單的內容、實作順序、時程
- 維持產品待辦清單的內容在最新狀態
- 解釋產品待辦清單的內容，讓相關人士都能理解
- 確認產品待辦清單中的項目是否已經完成

儘管產品負責人可與開發團隊一起建立及更新產品待辦清單，但最終的責任還是在產品負責人身上。

產品負責人的決定不應輕易被其他人推翻，產品負責人自己做出決定，並對結果負責。

開發能用的產品

【角色 2】開發團隊

- 負責產品的 How
- 打造產品
- 適當的規模為 3 ～ 9 人
- 全員集合就會有建構產品的能力
- 不分頭銜或小組

第二個角色是**開發團隊**，主要責任是根據產品負責人所建立的產品待辦清單，依其項目順序進行開發。

一個開發團隊通常由 3 到 9 人組成，若少於 3 人，因為彼此互動較少，主要是依賴個人的技能，所以團隊一同開發所帶來的效果較少。而人數在 10 人以上時，則會因為溝通成本增加而造成開發效率低落，因此一般會拆分團隊以保持適當規模。

開發團隊必須能完成產品建構所需的所有工作，例如開發團隊要能分析需求、設計、撰寫程式、架設伺服器、測試，以及撰寫文件，這就是所謂的**跨職能**團隊（cross-functional team），裡面不會再分成特定的小組，像是「需求分析小組」或「測試小組」。團隊中每位成員可能會做不同的事情，或者有能力差別，但在工作過程中，最好是每個人都盡可能地能做多種事情。

在開發團隊中，不會有基於職位或技能的特定頭銜或角色。開發團隊內部的工作進行方式，是由成員之間共識決的，而非受到外部指示該如何進行。整個開發團隊作為一個整體，對自己的工作負責，這就是所謂的**自我組織**（self-organization）。用這種方式能讓開發團隊發揮主體性，團隊的能力也會不斷提高。

切成期間並重複

Scrum 將時間切分為最長一個月的固定期間，周而復始地進行開發。這個固定期間稱為 **Sprint**（「衝刺」的意思）。

在這期間內，開發團隊會進行各種工作來完成產品待辦清單上的項目，包括規劃、設計、開發和測試。

這種固定期間的反覆進行能帶來節奏感，讓團隊專注於開發工作，掌握整體目標進度，更能應對風險。

即使在 Sprint 最後一天還有工作沒完成，也會結束 Sprint，不再延長。Sprint 的期間該設定多長，是根據產品規模、開發團隊人數和成熟度，以及業務狀況決定的，一般是以週為單位，短則 1 週，長則 4 週。

若因情況變化導致 Sprint 的工作失去意義，那麼只有產品負責人能決定是否提前終止 Sprint。

頻繁地計劃

開始 Sprint 之前，要先計劃在 Sprint 中要做什麼（What）、如何做（How）。計劃是在 **Sprint 計劃**（Sprint Planning）這個事件確定的。如果是 1 個月的 Sprint，那麼 Spring 計劃會議所花的時間大約是 8 小時，如果 Sprint 期間較短，那麼計劃的時間也會比較短。

在 Sprint 計劃中，主要有兩個主題。

第 1 想實作的
第 2 想實作的
第 3 想實作的
第 4 想實作的
第 5 想實作的
第 6 想實作的
第 7 想實作的
⋮
第 99 想實作的
第 100 想實作的

【事件 2】Sprint 計劃

- 也稱為 Sprint 計劃會議
- 在 Sprint 開始時進行，因為需要規劃 Sprint 中的開發
- 產品負責人想要什麼（主題 1）
- 開發團隊能做多少（主題 1）
- 開發團隊如何完成（主題 2）

第一個主題是決定在一個 Sprint 要完成什麼。

首先產品負責人要釐清在這個 Sprint 想達成的目標，然後從產品待辦清單中，選擇在這個 Sprint 要完成的項目以達成目標，一般來說會選排在前面的項目。選擇的項目數量是根據每個項目的估算規模、開發團隊過去表現（稱為速率，velocity）、該次 Sprint 可用於工作的時間（稱為產能，capacity）進行初步的決定。

另外還會根據討論的內容簡單總結本次 Sprint 的目標，這稱為 **Sprint 目標**（Sprint Goal），能幫助開發團隊理解為何是從清單中選擇這些項目來進行開發。

若要像這樣從待辦清單頂部開始，依序討論項目並作為本次 Sprint 開發對象，就需要在 Sprint 計劃會議前，先對頂部的項目做好準備。準備內容各不相同，譬如將項目內容更加具體化、解決項目的疑點、訂定項目該完成什麼（驗收標準）、將項目切分成可處理的大小、進行估算等。這些活動被稱為產品待辦清單精煉（Backlog Refinement，通常簡稱為精煉，或稱為梳理）。

Scrum 並沒有定義何時及如何進行精煉，但應該保留充足時間進行，如果在 Sprint 開始前才準備可能會來不及，通常精煉所花時間在 Sprint 的 10% 以內。

接下來第二個主題是計劃開發團隊如何完成選定的項目，也就是對每一個項目擬出具體任務內容，制定工作計劃。選定的產品待辦清單項目以及工作列表，稱為 Sprint 待辦清單（Sprint Backlog）。Sprint 待辦清單是開發團隊的工作計劃，可以在 Sprint 期間自由增減任務內容。一般會將各任務分割為可在一天內完成的規模。

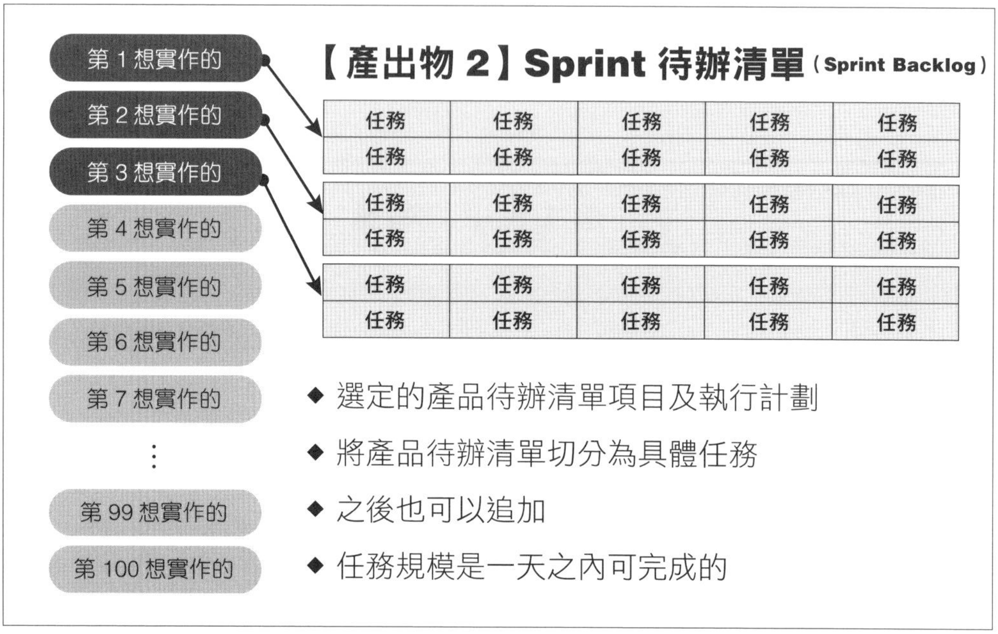

第 1 想實作的
第 2 想實作的
第 3 想實作的
第 4 想實作的
第 5 想實作的
第 6 想實作的
第 7 想實作的
⋮
第 99 想實作的
第 100 想實作的

【產出物 2】Sprint 待辦清單（Sprint Backlog）

任務	任務	任務	任務	任務
任務	任務	任務	任務	任務

任務	任務	任務	任務	任務
任務	任務	任務	任務	任務

任務	任務	任務	任務	任務
任務	任務	任務	任務	任務

- 選定的產品待辦清單項目及執行計劃
- 將產品待辦清單切分為具體任務
- 之後也可以追加
- 任務規模是一天之內可完成的

如果在討論 Sprint 待辦清單之後，開發團隊認為主題 1 所選的項目很難完成，那就得和產品負責人討論如何調整工作量，看是要將一部分項目拿掉，或是重新檢討工作計劃。

要注意的是，雖然開發團隊必須盡其所能完成 Sprint 計劃會議中討論的內容，但並不保證會完成計劃的所有內容。如果承諾完成所有工作，可能會導致若出現估計失誤、難度過高、出現意外等情況時，開發團隊需要長時間加班或省略必要工作，結果就是產品會出現各種問題。

Sprint 待辦清單的各個項目並沒有特定負責人，且在 Sprint 計劃時，也不必決定所有項目的負責人，可以在真正開始作業時，由實際進行的人自己從 Sprint 待辦清單中選擇項目。

完成每個 Sprint

【產出物 3】增量

◆ 製作開發團隊所完成的增量

- 增量是指之前 Sprint 累積的成果加上目前 Sprint 中完成的待辦清單項目的成果總和
- 無論是否有發布版本，都必須檢查是否可以正常運作

Scrum 要的是在每個 Sprint 裡能進行評估的**增量**（Increment）。

增量是指過去累積的成果和目前 Sprint 中完成的待辦清單項目的成果總和，通常是提供能運作的軟體，必須在 Sprint 結束時完成，且能正常運作。因此產品負責人和開發團隊需要對「完成」有共通的標準，這就是所謂**完成的定義**（Definition of Done），開發團隊必須做出符合此定義的產品。

完成的定義也可以說是品質標準。可以在開發途中追加定義，但要注意若是在途中刪減定義，可能導致產品無法達成品質要求。

每天確認狀況

開完 Sprint 計劃會議之後，開發團隊就會每天工作，以完成 Sprint 目標及選定的產品待辦清單項目。而要每天進行的活動，就是**每日 Scrum 會議**（Daily Scrum）。

每日 Scrum 會議是開發團隊的會議，開發團隊每天在同一時間、同一地點集合，確認 Sprint 待辦清單的剩餘工作，以及確認如此繼續是否能達成 Sprint 目標。在日本，每日 Scrum 會議有時稱為「朝會」，但其實不一定要在早上舉行。

不管開發團隊有多少人，每日 Scrum 會議都控制在 15 分鐘以內，不會延長。

會議沒有特定進行方式，但通常是由開發團隊成員回答以下三個問題。

- 為了達成 Sprint 目標，昨天做了什麼？
- 為了達成 Sprint 目標，今天要做什麼？
- 要達成 Sprint 目標，是否有什麼障礙？

這樣的方式可以幫助大家確認是否朝著目標前進、工作進展如何，以及是否需要成員協助。有些開發團隊可能還會加入其他問題，或是更新工作進度的視覺化圖表，用以顯示 Sprint 內剩餘工作的估計時間。

請注意，每日 Scrum 會議並不是用來解決問題的會議，即使開發團隊有人回報問題，仍要盡量遵守 15 分鐘的限制，後續再安排另一次會議，找來解決問題的必要人士。

利用每日 Scrum 會議的結果，開發團隊就能向產品負責人報告在 Sprint 的剩餘時間內如何進行工作。

檢查成品

在 Sprint 的最後，產品負責人會主持一個事件來回顧 Sprint 的成果，這就是所謂的 **Sprint 審閱會議**（Sprint Review）。產品負責人會邀請所有**利害關係人**（stakeholder）參加。

Sprint 審閱會議的主要目的，是為了獲得對產品的回饋。

【事件 4】Sprint 審閱會議

- 相關人士展示開發團隊的 Sprint 成果（**完成的部分**）
  - 最好事先區分已完成和未完成的部分
- 獲得意見回饋並調整產品待辦清單
- 追蹤整體的剩餘工作和進展
- 分享之後的計劃和展望
- 由產品負責人主持
- **邀請利害關係人參與**

Sprint 審閱會議中，開發團隊會實際展示他們在 Sprint 期間完成的產品增量。會議中會實際在可以運作的環境中確認，而非利用簡報說明而已。示範者會一邊實際操作，一邊向參與者解釋內容，讓他們實際接觸並獲得回饋意見。請注意，只有已完成的部分才能在 Sprint 審閱會議中示範，因此產品負責人和開發團隊通常會在 Sprint 審閱會議前，確定產品待辦清單項目中哪些已完成、哪些尚未完成。

除此之外，在 Sprint 審閱會議中還會報告和討論以下內容。

- 解釋在 Sprint 中未完成的產品待辦清單項目
- 討論在 Sprint 中哪些地方不順利以及所面臨的問題，還有是如何解決的
- 產品負責人解釋產品的狀況和商業環境
- 討論產品待辦清單是否要追加任何項目
- 討論在產品開發過程中可能存在的問題
- 根據目前進展預測發布日期和完成日期

基於這些 Sprint 審閱會議中討論的內容，根據需要反映在產品待辦清單上。

以長度為一個月的 Sprint 來說，Sprint 審閱會議的時間為 4 小時，如果 Sprint 比較短，那麼 Sprint 審閱會議一般也會比較短（譬如 2 週的 Sprint 就是 2 小時）。

應該可以做得更好

Sprint 審閱會議之後，就是 Sprint 的最後一個事件，**Sprint 回顧**（Sprint Retrospective）。

【事件 5】Sprint 回顧

- 為了讓工作更順利，持續進行改善
- 不是指修復 bug，而是修復產生 bug 的流程
- 從人員、關係、流程、工具等面向，檢視這個 Sprint
- 整理哪些地方做得好，哪些地方需要改進
- 制定未來的行動計劃
- **不要試圖一下子改變太多東西**

在 Sprint 回顧中，會檢視在這個 Sprint 中，產品開發相關活動是否存在問題、是否可以做些什麼以獲得更多成果，並決定下一個 Sprint 及之後的行動項目（action item）。接著就開始著手進行那些看起來有效的項目，改變自己的工作方式，以取得更多成果。

像這樣不斷檢視和改善工作方式，是敏捷開發中的重要一環，而 Scrum 則在各 Sprint 採用此做法。

請注意，2017 年版的《Scrum 指南》規定：Sprint 回顧所列出的行動項目，要將至少一項放入下次的 Sprint 待辦清單中。

對於一個月的 Sprint 來說，用於 Sprint 回顧的時間一般為 3 小時，Sprint 期間較短的話，也會縮短 Sprint 回顧時間。也有些做法是無論 Sprint 期間長短，每週都要進行一次 Sprint 回顧。

幕後功臣

正如前面所見，在 Scrum 中，產品負責人對產品待辦清單進行排序，而開發團隊以 Sprint 為單位進行產品建構。而為了確保流程順暢及產品順利開發，在背後支持產品負責人與開發團隊的，就是 **Scrum Master**。

【角色 3】Scrum Master

- **確保架構和機制能發揮作用**
- 排除干擾
- 支援與服務（僕人式領導，servant leadership）
- 教育、引導者、教練、推動者
- **不是經理也不是管理者**
  - 不分配任務也不管理進度

Scrum Master 確保產品負責人和開發團隊了解 Scrum 的規則、產出物以及進行方式，鼓勵有效的實踐，並保護產品負責人和開發團隊不受 Scrum 以外人員的干擾和中斷。

因此，在大家對 Scrum 還很陌生的階段，Scrum Master 經常扮演老師和培訓者的角色，教導產品負責人和開發團隊如何進行 Scrum，並主持事件。一旦大家習慣了進行方式，Scrum Master 就會轉換模式，在產品負責人和開發團隊提出要求時給予協助，或是提供建議，讓大家可以更好地完成工作。

Scrum Master 也可以與其他 Scrum Master 合作，協助整個組織。

以下是 Scrum Master 為產品負責人和開發團隊所做工作的例子。

- 向產品負責人和開發團隊解釋及協助理解敏捷開發和 Scrum
- 根據需要召開 Sprint 計劃和 Sprint 回顧等會議
- 鼓勵產品負責人和開發團隊對話
- 鼓勵變革，讓產品負責人和開發團隊更有生產力
- 教導產品負責人和開發團隊如何撰寫易於理解的產品待辦清單
- 尋求產品待辦清單的良好管理方式

Scrum Master 還可以列出工作障礙的清單並進行優先排序，考慮如何解決這些問題，在必要時要求相關人員解決。

到目前為止所提到的產品負責人、開發團隊和 Scrum Master，統稱為 **Scrum 團隊**（Scrum Team）。

總結

至此我們已逐項了解 Scrum 的基本結構。在進行 Scrum 時，要確保每位參與者都能理解此處所介紹的 Scrum 整體樣貌。

此外為了充分運用 Scrum 以產生好結果，需要採用並實踐 Scrum 的五大價值觀。

- **承諾**（Commitment）：每個人都承諾會致力於實現目標
- **勇氣**（Courage）：有勇氣做正確的事情、解決困難的問題
- **專注**（Focus）：每個人都專注於 Sprint 的工作和目標達成
- **公開**（Openness）：同意將所有工作和問題公開
- **尊重**（Respect）：互相尊重，視彼此為有能力的人

如果整個 Scrum 團隊在執行架構內容之外，還按照這五大價值觀行事，就能得到更好的結果。

產品負責人（PO）

對產品負責，對產品待辦清單項目的順序做出最終決定

Scrum Master

提供整體支援，確保 Scrum 運作良好，保護團隊不受外部影響

產品待辦清單

列出產品的特點和要求，由開發團隊估算規模，產品負責人最終決定這些項目是否實施以及其順序

完成的定義

定義什麼才算「完成」的列表

待辦清單精煉

審閱下次 Sprint 會用到的產品待辦清單項目，將順序排在前的項目變成可施工狀態

Sprint 計劃

決定 Sprint 目標，選擇 Sprint 中要開發的產品待辦清單項目；將選定項目分解為完成該項目所需的工作

每天重複

Sprint 待辦清單

選定的產品待辦清單項目與工作計劃的總稱

增量

過往 Sprint 與本次 Sprint 的成果加總後、能運作的產品

開發團隊（3～9人）

開發產品，為產品成功投入最大的努力

利害關係人

產品的使用者、投資者、管理者等利害相關人士

每日 Scrum 會議

花 15 分鐘時間確認按現況進行能否達成 Sprint 目標，必要時重新計劃，可以使用以下三個問題

- 為達成 Sprint 目標，昨天做了什麼
- 為達成 Sprint 目標，今天要做什麼
- 要達成 Sprint 目標，有何障礙

Sprint

最長1個月的期間，各 Sprint 長度一致

Sprint 審閱會議

示範在 Sprint 所完成能運作的軟體，獲得回饋意見

Sprint 回顧

討論 Sprint 中的改善事項，並進入下一個 Sprint

反覆多次 Sprint

Scrum 這麼簡單啊～
這樣的話我們應該也做得到

實踐篇

如何才能順利進行？

實踐篇中，將解釋實際運用 Scrum 開發時的注意事項，以及了解如何處理常見狀況。

SCENE NO.

00

開發產品概要及人物介紹

好，那就開始吧!!

「什麼嘛，Scrum 聽起來不是很簡單嗎？」
先來聽聽部長說明專案的概況。

現在我已經完全了解 Scrum 中定義的事件和產出物，對於各種角色也有所了解，應該不會被部長問倒了，那就先去找他問問到底想開發什麼產品吧。

首先介紹一下部長。就是這位，他是我們所屬的開發部的負責人。以公司的開發相關工作來說，是站在比較高層的立場。

部長
利害關係人

開發部部長，42 歲。
不在意細節，個性開朗，無論公司內外都很受歡迎。儘管有點年紀，思維卻很靈活，在公司內因培育下屬而獲好評。此次開發案委託小僕進行 Scrum，但其實沒想太多。會站在遠處守護團隊的成長。也有馬虎和隨便的另一面。

見到部長，我立刻詢問這次專案的細節。我們要建立的是公司內業務部所使用的系統，也就是業務支援系統。為了使銷售業務更有效率，該系統可以管理銷售活動的日報表和業務會談的進展，以及查看客戶資訊，這些似乎都是業務人員每天在外會用到的。此外，他還希望能讓整個業務部共享客戶拜訪記錄和會談進展等。我們有個建立很久的系統，但過於老舊不太好用，所以這次要打造一個全新系統。這些就是從部長那裡聽到的概要。

- 他們想重新建構一套業務部門使用的業務支援系統。
- 似乎是給全國業務部門使用的重要系統。
- 一開始不需要分析等進階功能，只要能在外面管理每日報告、會談進度、查閱客戶資料就行。
- 因為某種原因，公司要我們用 Scrum 進行開發。

嗯，似乎有點知道要開發什麼了。再來就是讀一讀既有系統的資料，應該就沒問題了，這樣跟平常的開發應該沒太大不同。

有件事我實在很想問部長：為什麼是由我來負責呢？結果答案很簡單，「因為你看起來很想試試看的樣子。」

的確會議上的發言可能讓人有這種感覺。在我過去所帶領的開發中，我從未犯過任何重大錯誤。然而我總覺得應該可以做得更多，所以我才想要嘗試一些新東西。Scrum 可能正好是個機會，所以我很感興趣。

不過有個秘密是，這種積極的感覺差點因為部長的一句「啊，不過架構圖上的 Scrum Master 頭銜很帥氣」而降溫。

好，我們先去看看開發團隊。公司內第一個 Scrum 的軟體開發終於要開始了。前面還有很多可以講的，不過總之對我來說是一個全新的挑戰。被賦予重任，我會盡我所能！感覺越來越有趣了。

看來有位新的 Scrum Master 降臨工作現場，接下來就跟他一起了解採用 Scrum 的工作究竟是怎麼回事！

▶ 登場人物介紹

Scrum Master

小僕
（見第 4 頁）

產品負責人
（Product Owner）

小君

和小僕同時進公司，目前第 3 年，24 歲。想從事業務方面的工作，所以在公司內轉到業務部門。目前幫忙處理業務工作，樂於學習業務方面的知識。最近對整個業務部的活動都非常感興趣。

開發團隊

進公司第 4 年，26 歲。開發團隊可靠的老大哥。擅長自己動手，喜歡待在開發現場。其實不喜歡被稱為副組長，也不太想要負責領導。

副組長

小慎

進公司第 4 年，26 歲。看似開朗活潑，其實性格謹慎。很多負面發言，不過有時候意想不到地有用。

和小僕小君同時進公司，目前第 3 年，24 歲。技術能力受到肯定，喜歡開發勝於時尚。思維敏銳，但有時不聽人把話說完。口頭禪是「是是，知道了知道了」。

小知

轉職進來的，28 歲。很講究系統的操作方便性及外觀。平常雖然沉默寡言，但有需要時，會從使用者觀點提出尖銳的看法。性格內向，不擅長團隊合作。

UX 君

批次君

進公司第 2 年，24 歲。在維護和營運方面經驗豐富，常被委以基礎建設的相關工作，如建立測試及正式環境。似乎想要寫更多程式。

最年輕的應屆畢業生。23 歲。喜歡新事物，會參與公司外的讀書會並上台發表，也會在 blog 上發表技術相關資訊。最近的娛樂是在家自己寫手機 app。

手機君

利害關係人

部長
（見第 32 頁）

業務部長

主管業務部，41 歲。可能是公司裡最忙碌的人。以工作能力強而聞名，在公司內也因可怕的利害關係人而聞名。聲音跟他的發言分量一樣大。

SCENE NO. 01

將角色套用在工作現場

誰是產品負責人!?

小僕興致勃勃地前往開發團隊，
究竟是否能順利進行開發呢？

這下糟了，
產品負責人啊…
碰……

產品負責人？我也不太清楚，推薦一個人選吧
也不能問部長……
部長

業務部長如何？
不過他很忙就是～

XX 啊，那個 OO 說…
業務部
喂～
嗯，
其他人也很忙，
不行……

資訊系統
離職了唷！
不好意思，
請問之前的
負責人……

說到產品負責人的特質……
知道該做什麼……
也了解使用者……
還要對業務工作有興趣，
又要能常常跟我和開發團隊溝通……

角色只是一種標記

Scrum 將實際進行開發的人分為三種角色（role）。

- 產品負責人（Product Owner）
- 開發團隊（Development Team）
- Scrum Master

產品負責人的責任是思考為何要做、要做什麼，還有以何順序進行。大家當然都想做出好產品，並且盡一切努力以獲得實際使用者的好評，也為顧客及自己的業務做出貢獻。只是這個角色必須在預算及預計發布日的限制下做到這些。

產品負責人有其欲實現的目標，而開發團隊是真正實現這些目標的人；至於要如何進行，則交由開發團隊決定。除了撰寫程式碼之外，還要負責所有必要工作，如詢問需求、估算、設計、畫面設計、測試，還有展示成品等。

Scrum Master 確保產品負責人與開發團隊能順利用 Scrum 進行開發，他不僅要確保每個人都遵循 Scrum 的規則，也會幫忙進行 Sprint 審閱會議，如果出現了什麼障礙，也會幫忙排除。

如果是用 Scrum 進行開發，開發領導者或資深工程師等具有職位或頭銜的人，應該會符合其中某個角色，而我們把所有這些人統稱為 Scrum 團隊。

嗯，那該由誰來擔任產品負責人呢？

各個角色該用什麼樣的人呢？首先我們要先知道各個角色在做什麼。首先以產品負責人為例，下面就是產品負責人的工作。

- 傳達所開發產品的願景。
- 傳達想以 Scrum 團隊達成的目標。
- 具體傳達想要大家實現的目標。
- 決定該優先實現何者比較好。
- 考慮如何實現比較好，並作出最終決定。
- 與利害關係人達成共識，確認決策是否存在問題。
- 協調必要事項以遵守預算和時程等限制。
- 爭取並協調利害關係人的合作。

這就是產品負責人每天的工作。這些工作與所謂的要求、規格和計劃有很大關係。

大家已經知道各個角色平常都在做什麼了嗎？

那麼該如何找到產品負責人呢？ Scrum 有認證系統和培訓課程，如果有證書或受過一些培訓，就會對產品負責人有基本了解，阻力應該比較小。此外，如果這個人還熟悉 Scrum 以外的敏捷開發常用方法，那就更令人放心了。例如在 Scrum 中，我們常以使用者故事的形式告訴開發團隊我們想實作的東西，而這個人應該很擅長這種方式。

如果找不到這樣的人，那麼也可以看看是否有人平時所做的事就接近產品負責人的日常工作，譬如根據開發狀況微調計劃，或整理各種意見並報告給上級等。

該找怎麼樣的人呢？

然而，是否適合各個角色的重點在於，他們能否努力達成該角色的要求。例如作為一個產品負責人，應該熱衷於改善正在建構的產品。各位周遭是否有人總會說「如果能再多這樣一點就更好了」呢？其實這才是合適的人選。他會對欲實現目標有明確認知，且能迅速判斷哪種規格更好。

如果擔任產品負責人卻沒有這種熱情，會發生什麼事？開發團隊可能會花費數週時間來實現產品負責人突如其來的想法，然而卻有可能在看到成品後不得不重做。即使拜託他想想哪種規格比較好，也得不到準確的回答。像這樣浪費 Scrum 團隊寶貴的時間和經費是不可行的。

其他角色也是如此。Scrum Master 應該熱衷於幫助他人順利進行工作，也願意在幕後支援大家。而開發團隊內的成員，如果都能跳脫只按照規格進行的想法，時常從技術觀點思考如何進行更好，那麼 Scrum 團隊就會更加強大。

是要找能對角色需求充滿熱情的人嗎？

當然技能或工作經驗之類的也很重要，譬如若擔任產品負責人，對市場的了解會是很強大的武器。此外為了得到利害關係人的共識，一定程度的權限或頭銜或許也是有效的。其實缺乏這些面向也會對開發帶來不良影響。例如可能覺得這個規格最好，但卻被 Scrum 團隊以外更有聲量、更有權勢的人推翻。但是有足夠影響力取得共識的人，有足夠的時間常常參與開發嗎？

現實世界中沒有一個產品負責人能滿足所有這些條件，如果有什麼不足令人困擾的地方，就著手解決。

缺乏技能的話該如何解決呢？

如果我們因為對外缺乏發言權而難以取得共識，那就看看是否可以請周遭有發言權的人協助，說不定那個人有辦法向其他人解釋。遇到這種情況，Scrum 團隊會提供資料和報告給他，問題可能就解決了。

另外，如果對 Scrum 和敏捷開發沒有充足的了解，何不試著要求公司提供培訓的機會？也可以嘗試與 Scrum 團隊一起參與 Scrum 和 Agile 社群舉辦的研討會和會議。

如果在特定方面遇到問題，可以考慮如何與整個 Scrum 團隊一起彌補，但如果一開始就沒有熱情，那是最難彌補的。

做不好的部分，整個 Scrum 團隊一起彌補就好了

當某個人在工作現場要實際擔任某個角色時，我們不應根據頭銜來決定他是否適任。我們常做出這種假設：「確定要求是計劃負責人的事情，所以他就當產品負責人」、「因為是看過整個開發過程的開發負責人或管理者，所以他就當 Scrum Master」。但一個人究竟適合哪種角色是不同的事情。

角色這種方式可以讓人更容易理解在 Scrum 團隊中誰該負責什麼工作。為了讓大家知道誰是最希望把產品做好的人，我們告訴大家這位就是產品負責人，這就是一種標記。請把角色當成與頭銜或職位完全不同的東西。

角色只是一種標記啊

在開始新的開發專案時，如果有適當人選，一定要請他們一起參與。如果形式上需要有個參與開發人員的體制圖之類的，可以在表面上給予開發者或其他頭銜都可以。然後和參與開發的人員一同討論，從中決定看誰是最適合的人選。在 Scrum 中並沒有禁止兼任角色，所以即使人手不足，也應該可以決定角色。

只是如果同時擔任兩種角色，會很難知道目前在扮演的角色，可能會造成混亂，且分配在各個角色的時間會減少，所以要特別注意。

那麼，我也可以擔任產品負責人嗎？

特別是產品負責人兼任 Scrum Master 萬萬不可。產品負責人必須專注於改善產品，所以可能不自覺地給開發團隊帶來壓力，要求他們做得更多做得更好。而 Scrum Master 希望工作順利進行，所以無法無視開發團隊已經不堪重負，如果這種狀態持續，長遠來看是行不通的。像這樣兼任兩種思維衝突的角色，本人也很難決定何時應採取何種行動。

產品負責人和 Scrum Master 的角色之所以明確分開，是為了保持彼此之間的良好平衡，所以請記住，不能同時兼任產品負責人和 Scrum Master。

Scrum Master 和產品負責人
有不同的思維，所以不能兼任啊

那麼，接著就來看看小僕是否能找到產品負責人吧！

!
嗯…？

說到熱情的話
不是有個同時進來的同事想調到業務部嗎？

啪嗒啪嗒
也懂問題是什麼！
也熟悉業務工作！
也能和我們平等對話！

哦，小君 !! 正要找你～ !!
啊，小僕！
叭噠叭噠

你、就是你……
從今天起就是**產品負責人**！
怎麼了？

太客氣的產品負責人

即使是新手產品負責人，也不要猶豫，盡量去了解這個團隊。

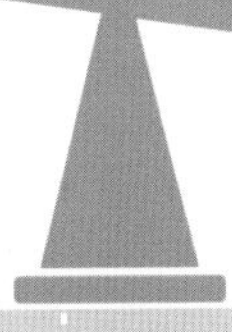

如果你才當上產品負責人，你可能會對開發團隊太客氣，因開發不如自己所想順利而感到沮喪。

當一個版本因為插單等各種理由而拖延時程，產品負責人該如何應對？

如果習慣 Scrum 的方式，也許可以透過平時的溝通來修正軌道。但若不是的話，可能就會逐漸接受這些插單，且團隊會陷入效能低落的狀態。

此時，產品負責人即使還沒什麼經驗，也應勇敢向開發團隊提出意見。

「這個插單真的比現在的任務還重要嗎？」

「一次發布裡面是不是塞太多功能了？有辦法用小規模嘗試的方式嗎？」像這樣，再小的問題，或只是感覺不對而已都沒關係。

能夠如此直言不諱地表達意見的關鍵在於，要始終保持對產品負責人角色的認識：「最大化產品價值」，也就是「如何迅速向使用者提供高價值」。

尊重開發團隊的意見當然很重要，但作為產品負責人，即使是很難說出口的事，也得與其溝通傳達想法。只有產品負責人才能對開發團隊提出要求，所以如果你覺得有所顧慮，那麼是時候審視溝通方式了！

（飯田 意己）

SCENE NO. 02

了解目標所在

該往哪裡去？

找到產品負責人，建立 Scrum 團隊，
似乎該先說明這次的開發。

目前的系統很難用，所以我們有編預算
嘰嘰喳喳
欸，有人在聽嗎

啊，你剛說啥？

總之，整理好要求的話就告訴我們吧
對啊～

這是 Scrum，大家一起討論、一起前進吧
很多事情都還沒決定，就交給你了！
啊啊啊～
怎麼啦，小僕
這種狀態可以開始開發嗎～

嗯…總覺得部長還說了什麼……

先了解方向在哪裡

要以 Scrum 開始開發，首先需要一個產品待辦清單，開發團隊將按照其順序逐項實作。那麼在產品待辦清單中該寫什麼呢？項目順序的依據又是什麼呢？

Scrum 中，我們逐一完成產品待辦清單中的項目，並推進開發。換句話說，產品待辦清單與 Scrum 團隊的發展方向是密不可分的，所以只要知道目標是什麼，就應該能順利建立產品待辦清單。要做到這點，需要知道 Scrum 團隊被期許的兩件事。

- 要實現的是什麼（目標）
- 絕對要達成的是什麼（使命）

所謂目標，換句話說，就是對 Scrum 團隊要實現的目標所寄予的期望，正因為有某個好理由，才有一些人組成 Scrum 團隊合作進行開發，因此我們必須滿足這些期望。舉例來說，因為自家產品還不夠吸引人，所以希望至少要有跟競爭對手一樣的功能，諸如此類的。

另一方面，使命則是 Scrum 團隊絕對要達成的目標，可能是花了大把時間開發、但若無法達成目標就會失去意義的事情，譬如半年內不發布就會失去宣傳的機會之類的。

當然這些都是在進行任何開發前需要了解的重要事項，無論是否採用 Scrum。

要用 Scrum 進行開發，
目標和使命也都很重要呢

那麼該如何設定 Scrum 的目標和使命呢？與目標和使命關係最密切的就是產品負責人，他為了達成目標和使命，必須管理產品待辦清單。不過 Scrum 側重於平日的開發是如何進行的，沒有提到開始開發前所需的活動，為了彌補這點，下面介紹初始計劃（Inception Deck），雖然這不在 Scrum 的規則之中，但經常用來釐清預期目標等事項。

初始計劃是用來在進行任何開發之前，先了解需要釐清的內容。需要釐清的內容總結為 10 個問題，每個都需要整個 Scrum 團隊一起討論。在討論並釐清之後，將資料整理在投影片裡，像報告一樣，當然其中也包括了目標和使命等問題。

在這 10 個問題中，有關於商業目標的問題「電梯推銷」（elevator pitch），也有關於使命的問題「我們為何在此」（Why Are We Here?），投影片看起來會像這樣。

電梯推銷

- 給 [我們公司常常在外的業務員] 用的、
- 想要 [根據最新資訊讓業務活動更有效率] 的
- 專案 [New 業務支援君] 是
- [業務支援系統]。
- 可以達成 [在外也能輕鬆操作]，
- 與 [現有系統] 不同，
- 提供 [在客戶那裡也能輕易存取的幾種方式，隨時可以參考最新資訊或是更新資訊] 的功能。

這問題是為了知道為何對我們要做的東西有如此大的期待，甚至還編了預算。是給誰用的，能做些什麼？與既有的東西有何區別，有什麼優勢？也可以知道大家有什麼樣的期望。

我們為何在此？

- 做一個在外也能正常使用的系統，以便分店能輸入最新資訊
- 六個月後開發人員還有別的工作，所以要在那之前完成
- 在公司內展現以 Scrum 開發系統的成果

在外也能正常使用的系統

「我們為何在此？」這個問題是為了釐清為何不達成目標就會失去 Scrum 團隊意義的理由。Scrum 團隊周遭的人有各自的期望，要全部滿足是很困難的。另外，有些期望很重要，有些則不，這些差異會導致混亂。那麼在各種期望中，我們需要滿足哪些才能認定 Scrum 團隊所做的工作是成功的呢？為了找出答案，可以列出 3 件認為重要的事情，從中決定哪一個才是必須死守的最重要的事情。

這要怎麼做呢？

那我們就實際做個初始計劃看看吧！

首先，Scrum 團隊並非所有成員都了解目標和使命，所以先找一位了解的人建立一個基礎計劃。如果找不到這樣的人，就先從收集必要資訊開始，然後再根據由此產生的草案與 Scrum 團隊討論。首先確認是否有任何問題或疑慮，並以此作為出發點，釐清不明白的地方，如果草案內容比較模糊，就進行討論並使其更加具體。輪廓出來之後就能放進投影片，這樣就完成了。對每個問題我們都這樣重複進行。

有什麼地方該注意的嗎？

如果因為大家不習慣討論而沒什麼人發言，也可以嘗試請大家在便條紙上寫下問題或疑慮，許多說不出口的事情其實都很重要，所以盡可能收集大家的想法是很有必要的。

另一方面，如果討論變得混亂失控，最好重新開始。可能是準備的草案不夠充分，有太多模糊的地方，這種情況的話，找大家一起討論還為時過早，不妨先重新擬定草案。如果花在一張投影片的時間過長，也可以設定時間限制，大家一起完成一張投影片的時間粗估最長約為一個半小時，如果超過這個時間，請考慮是否要繼續或重新開始。

無論是 Scrum 還是敏捷開發，都可以採用初始計劃的方式，如果工作環境會抗拒初始計劃這個說法，那麼只要說「有些重要的事情想先跟大家確認」，並召集相關人士討論即可。

先做投影片再說明不就好了嗎？

重點是透過這些活動，能更詳細且正確了解進行開發時的重要事項，畢竟只接受單方面的說明是不夠的，因為可能會誤解所聽到的內容，就算有所顧慮也可能說不出來，而如果大家都有各自的疑慮或不安，就不可能齊心協力達成目標和使命。重點就是 Scrum 團隊每個人都應該知道方向以消除不安的感覺，所以才需要聚集大家一起討論。

當然，需要注意的是，並不是說有了初始計劃就會一切順利，畢竟它只是提供一個討論的機會。例如即便大家齊聚一堂，但面對模糊的目標，大家雖然覺得不安卻說不出話來，那也是毫無意義的。恐怕會到已經無法挽回的時候，才發現糟了。為了防止這種情況發生，重點是要跟大家討論想法。

跟 Scrum 團隊的每個人討論很重要呢

如果 Scrum 團隊對自己所被期望的重要事情了解不多，會發生什麼事？特別是在 Scrum 中，始終保持對目標和使命的意識而行動是很重要的，例如開發團隊每天都會思考該優先處理哪些工作才能更接近目標。產品負責人需要不斷思考是否能維持目標和使命，判斷成品是否能實現目標和使命，並重新排序產品待辦清單。而任何人只要想到了可以接近目標的方式，都可以追加項目到產品待辦清單。因此，如果無法正確認知目標和使命，連日常工作都無法順利進行。

Scrum 團隊所有成員都已經了解該如何順利進行開發了嗎？

還有，光是知道目標和使命是不夠的，還有許多事情應該了解並和大家討論，才能讓開發順利進行下去。例如，如果不知道自己有什麼風險，就不知道該注意什麼，還有重要利害關係人是誰，Scrum 團隊周遭有哪些什麼人等，這類問題也很重要。

這裡我們只介紹了初始計劃中的兩張投影片，不過還有其他重要內容，可以幫助 Scrum 團隊了解如何進行開發。投影片樣板公開於此，請務必好好利用。

- 參考 URL
  https://agilewarrior.wordpress.com/2010/11/06/the-agile-inception-deck/

只要覺得是對進行開發很重要的事情，都可以互相討論啊

那麼，就來看看小僕和他的 Scrum 團隊如何弄清楚方向吧！

欸，那個
這些就是這次想與大家合作達成的事項
我們為何在此

這些是現有系統的問題，想要在新系統改善
電梯推銷
……
一片安靜….

這次我們期望能達成這些目標，所以……
請在便條紙上寫下在進行過程中，感到不安或不明白的地方！
好～
這個我也這麼覺得
嗯……
好難
欸
什麼意思？
好，我們看看結果如何
這是？

嗨～
現有系統中最令人困擾的是什麼？
我寫了這個

大家都是業務員，常在外面跑，但在公司外連線時很難用，所以大家都不用，部長難以掌握情形，一直很困擾，所以我也常常……
了解！的確是很難用……

所以應該要支援手機對吧
在外面也能用會比較好

這個沒有那麼重要，但如果有了會很高興這樣

哦，還有我也想知道那個業務會談分析的項目有多重要

看起來沒問題
看來有傳達想法了？
好，那這個就這樣……
知道了知道了

SCENE NO. 03

建立產品待辦清單

什麼時候才能結束!?

我開始了解 Scrum 團隊要達成的目標了。
某天被部長叫去，有種不好的預感。

因為已經決定了這次的開發團隊會負責下一個專案
半年後喔
等到那邊開始動，這邊就要結束了
欸！什麼時候

啊對了，差點忘了！
原來如此…
書上沒寫到錢的問題
Scrum Boot Camp

也沒關係
欸，還在考慮嗎？
那之後再告訴我
啊，好…

關於這個部分
正好在跟Scrum 團隊討論
完了，不小心亂說了……

小僕好沉重！
完了完了
嘎 完了…
麻煩大家…過來一下～

建立可以安心的預測

在開始開發時，有幾件事需要注意，像是何時完成什麼、人員數量是否真能完成必要事項，諸如此類的事情。可惜即使是 Scrum，也無法保證 100% 沒問題，但如果是給出一個令人放心的預測，是可以做到的。如果沒有做出這樣的預測，還認為反正是 Scrum 所以就能順利進行，那麼繼續進行下去就很危險。實際上也會有這種情形：一開始設想 3 個月後發布，但回過神來才發現已經過了一年卻還沒辦法發布。不論是否採用 Scrum，預測都很重要。

即使在 Scrum 中，
預測之後的情形也很重要呢

而為了能建立預測，需要一個計劃來了解未來的發展。有了預測，就能知道何時才能真正發布，以及在抵達發布的路上已經走了多遠。在 Scrum 中，產品待辦清單就是未來計劃的路標。

產品待辦清單可以讓我們一覽所有想實作的事項，開發團隊會根據上面的項目（產品待辦清單項目）逐一實作。有些項目是發布時必不可少的，有些則是如果可以就會實作的。雖然這份清單只是列出欲實作事項，但從中可以知道很多事情：最初的發布是何時，包括哪些東西，完成哪些東西，現在進展到哪裡等資訊。因此產品待辦清單是一個重要的清單，可以幫助我們從各個面向掌握計劃。

為了實際考慮計劃，需要估算各項目，在後面的場景中會說明。

實際的產品待辦清單是什麼樣子呢？

那麼到底什麼是產品待辦清單呢？在 Scrum 中，它包括了所有東西，如功能、要求、需求和修正事項等，但沒有規定詳細格式。例如下面的功能需求清單也算是產品待辦清單。

功能	目的	詳細	估算
業務日報輸入功能	根據最新資料考慮業務戰略	輸入每日拜訪客戶、日期時間、負責人、案件資訊	
登入功能	機密資料需限制使用人員	正職員工可用員工編號及密碼驗證	
客戶搜尋功能	先掌握資訊以利會談	根據行業、公司名稱、規模、重要度等進行搜尋	
……			

也有很多 Scrum 團隊以使用者故事的形式撰寫產品待辦清單項目。使用者故事是一種簡明的方式，描述產品為實際使用者提供了什麼，以及其目的為何。用這種方式寫成的產品待辦清單看起來像這樣。

故事	示範步驟	估算
外出的業務員想記錄每日拜訪狀況，因為想根據最新狀況擬定業務部的業務戰略。	顯示 XXX 公司的記錄頁面，輸入訪問日期時間、會談狀況、報告內容，並按下記錄按鈕。確認畫面會顯示使用者名稱…	5
想限制使用者，因為機密資料僅供正職員工參考。	未登入就存取會顯示登入畫面。 輸入小君的員工編號和密碼…	3
業務員想從各方面搜尋客戶並了解詳情，這樣在會談時較有優勢。	在首頁選擇搜尋 tab 會顯示搜尋畫面，輸入條件，如公司名稱、行業、資本額、地址…	3
……		

本章考慮如何建立第一個產品待辦清單，使用者故事則會在場景 16（p.176 ～）介紹。

一開始建立的時候要注意什麼嗎？

在 Scrum 中，會按照產品待辦清單的順序完成各個項目。在 Sprint 開始後，可以根據情況增刪、甚至重寫產品待辦清單中的項目。但如果後來一直增加會嚴重影響目標的重要項目，會讓人越來越無力，所以為了防止這種情況發生，要確保沒有遺漏重大的欲實現目標。只要確認有做到這點，應該就能對自己的預測放心。

要確保一開始就沒有漏掉重要項目啊

這裡介紹一個方法：請 Scrum 團隊的每個人，都在便條紙上寫下自己覺得應該列在產品待辦清單中的項目，這是為了利用不同人的不同視角，消除致命的疏漏。

所以此時請大家帶著概要資料，譬如初始計畫、既有服務或系統的功能列表等，以幫助 Scrum 團隊了解應實現目標及期望實作事項。還有可以帶著欲實作事項的手繪設計草圖，或是任何能幫助了解其概念的東西。再以此為基礎，寫下自己認為實現目標必需的東西，以及無論如何都應該做的事情。這裡最重要的是數量，所以請擺脫先入為主的觀念，先不用管是否能在期望時程內發布。

**我們可以透過各種角度
找出並消除致命的疏漏啊**

有了足夠的項目之後就進行排序。將這些項目排成縱向的一列，開發團隊將依序逐一實作。比較想實作的項目，順序就比較前面，最初的版本中想包括的項目應該就在其中。反之，有餘力才實作的項目就可以放比較下面。那麼該如何決定順序呢？

光憑我們自己能弄清楚哪些比較重要嗎？

或許你會認為由 Scrum 團隊來決定項目順序太難了，所以想讓利害關係人來處理，但利害關係人可能不熟悉給定順序的細節而無法決定，或者 Scrum 團隊無法理解為何是這個順序，或覺得改變順序實際上更有助於開發，而這樣就無法建立能安心的預測。我們要自己排定順序，排出自己覺得沒問題的順序，假設沒有足夠資訊，就從收集資訊開始。

產品待辦清單順序由 Scrum 團隊決定啊

排列順序並不難，首先粗略分成幾大類，大概這些就可以了。

- 非常重要
- 重要
- 普通
- 有的話很好

譬如想用來吸引使用者的主要功能分到「非常重要」，而缺少該功能會造成很多人無法工作的，也是分類到「非常重要」。改善可用性的需求，會根據有多少人受惠而分到不同類別。也別忘了那些雖不顯眼但不可或缺的項目，例如若想讓使用者付費，就得儘早確認付款和計費機制。並非只有顯眼的功能才重要，如果整個 Scrum 團隊一起思考，就不會漏掉這些事情。

此外也能釐清為了順利開發而需優先進行的事項，例如驗證架構合理性的能力，或是嘗試仍不確定的某個技術元素的能力。像這樣的項目能從開發團隊的角度確認是否能做些什麼來降低風險，也是很重要的。此外，使用者管理這類功能實際上也很重要，而且之後還會進行多次示範，這樣的功能也方便我們之後新增或修改用來示範的使用者。當然並非所有開發時想優先考慮的事項都很重要，所以才要大家一起討論決定，例如可以先建立一個類別「進行開發時的優先事項」，釐清要優先處理的內容。

希望開發順利而想優先
考慮的事項有時也很重要呢

接著按照分類排成一列，順序是「非常重要」、「重要」、「普通」、「有的話很好」。「進行開發時的優先事項」內容如果只是最基本的，可以先完成。

排成一列後，再考慮開始開發時可以立即著手的項目順序。

哪一個真的是重要的？理由是什麼呢？在開發時應該以何者為優先？

我們邊釐清邊排序，這樣最初的幾個 Sprint 就可以安心進行。Scrum 中，對順序負責的是產品負責人，最後由產品負責人從頭檢視整個順序，並拍板定案，至此就完成了第一版的產品待辦清單。

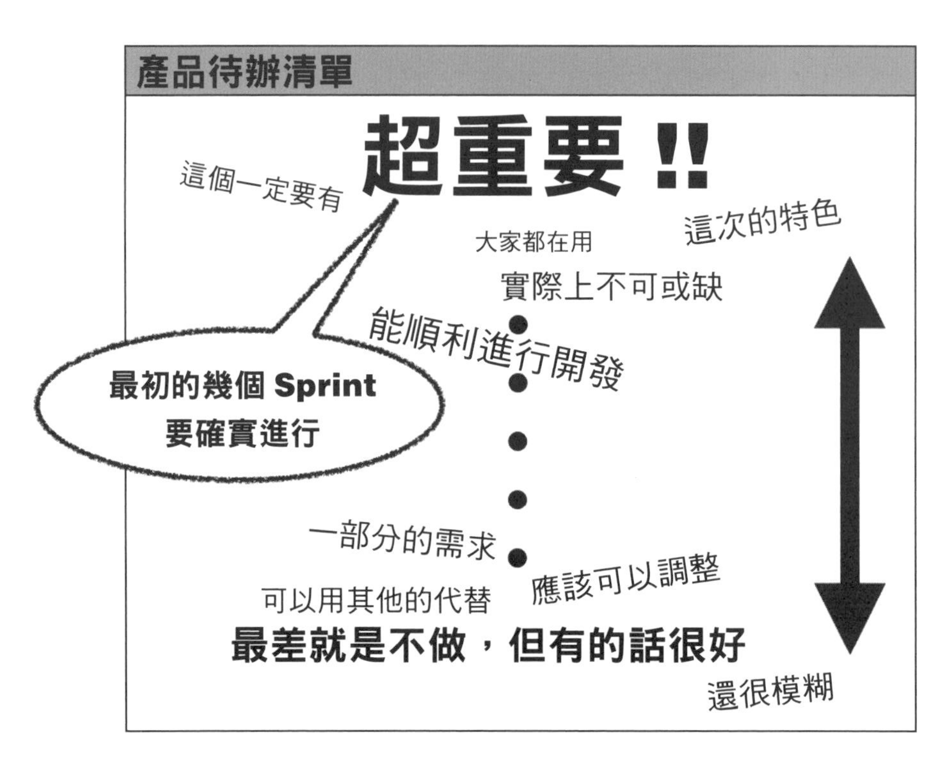

先粗略排序，再對馬上要進行的詳細排序是嗎？

透過這種方式先排出大概的順序，可以幫助我們了解未來開發在整體上會如何進行，也可以看到自己認為重要的是什麼，以及打算先做什麼。例如，可以看到要開發多少才能實際給使用者確認，以及屆時能確認的又是什麼。另外當開發陷入困境時，更容易判斷清單中哪些項目該與利害關係人討論，以保護重要的部分。先確認這樣的順序是否能達到這樣的目的吧！

看了產品待辦清單
就能了解整體大概流程嗎？

另一個重點是，Scrum 團隊要對產品待辦清單有充分理解。一旦 Sprint 開始，開發工作的進行是以產品待辦清單為指導原則，所以若不知道哪些是重要的，就無法順利進行工作。另外，為了更接近目標，必須不斷修改產品待辦清單的項目和順序。為了做好這件事，Scrum 團隊需要對產品待辦清單的內容有充分了解。

Scrum 團隊每個人
都需要了解產品待辦清單的情況啊

然後再對各項目進行估算，就能做出對未來的預測。但大家可能還是會擔心是否真的都沒有重大疏漏，所以為了消除不安，除了這裡介紹的之外，還有其他各種方法可以幫助減輕焦慮。然而無論準備得多麼仔細，請別忘記都無法保證所預測的事情一定不會改變。即使仔細設想了各種滿足目標的要求，終究也只是想像而已，要確認想像是否真的正確，還需要更多詳細資訊，這就只能透過實際進行得到了。實際開始 Sprint 的 1 ～ 2 週後很快就會知道，之前認為重要的事情是否真的正確，以及進行方式是否正確。

雖然預測很重要……

對未來有所預測是非常重要的，但也不需要花太多時間。要注意的就是別遺漏任何會致命的事項。重點是，Scrum 團隊自己似乎沒有遺漏，而且充分理解產品待辦清單，只要覺得將來自己可以持續更新產品待辦清單，這樣就足夠了，然後就可以開始下一步準備工作，譬如可以開始進行估算。

產品待辦清單並不是在建立後就結束了，之後還要持續不斷更新，而每一次更新，都要考慮到未來，譬如何時可以達成目標。其實建立開發預測不只是最開始一次而已，之後也都會持續下去。

那麼，就來看看小僕和他的 Scrum 團隊是否能建立產品待辦清單，用來了解未來的情況吧！

這裡發給大家的，是現有系統的功能一覽
還有就像昨天説的，幫大家申請好帳號密碼了，這樣就能摸到系統了
哦～昨天有登入了

這就是這次要解決的問題嗎？
所以…這個…
對！

因為請求跟問題都混在一起了，我稍微整理了一下

那我們就根據這些，寫出**看起來很重要的**然後…還有一些沒在用的功能對吧
好棒～

我也是！我做了業務員的問卷調查～
對！我也帶了存取記錄來～很容易就能看出來！

這是之前系統的功能一覽喔
可能有很多沒在用的功能

根據這些資料，寫下這次想實作的項目吧！
用便條紙跟筆

辛苦大家了！
寫了很多呢～

順序這樣可以嗎？
可以

這些是對業務來說絕對必要的，而且越上面越重要
決定必要項目之後，就是根據業務部長的期待排好順序
好哦！

嗯⋯⋯
啊！不過⋯
!!
線這邊的就是非做不可的啊～還蠻多的呢

這個大概用不到
真的有需要嗎？我再去問問看

重要
要確認
大概是這樣？

變得很容易懂！
對啊！
唔⋯？只要得到各項估算，就能知道是否可以滿足預算跟時程⋯⋯

好了～
有個輪廓了

SCENE NO. 04

進行估算

無法準確估算!?

前面已經了解了這次開發專案想進行的事項，
那麼何時才能達成目標呢？

最重要的新需求
大概是這樣
很好～

唔
哇……

抱歉，但這個實
在無法給個準確
的估算～
唔…
先寫個大概的
工時呢？
簡單～
只要先保留緩
衝應該就行了
等…等一下，
這樣……
糟糕……
怎麼辦……

進行快速的估算 !!

在 Scrum 中，會對產品待辦清單各個項目進行估算，只要能概算各項目實作所需的時間和費用，就能得知第一次發布的時間和需要的預算等資訊。Scrum 中沒有固定的估算方法，可以用任何喜歡的方式來進行，然而無論使用何種方法，估算都不算容易。估算的數字與實際結果之間存在差異是很常見的，在 Scrum 中也是一樣。

要怎麼進行估算呢？

許多 Scrum 團隊不以時間或費用來估算，而是著眼於完成產品待辦清單項目需要多少工作量。

在 Scrum 中，由實際工作的人做估算，估計工作量也是思考自己正在做什麼的好機會。例如若想實作搜尋功能，需要實作搜尋畫面和搜尋邏輯，並進行測試，可能還需要修改資料庫及相關部分。像這樣的方式，就會讓我們思考有什麼必要工作。而考慮工作的大概方向時，或許就會發現自己忽略了某些重要工作。

Scrum 團隊用工作量來進行估算啊

那該如何表達工作量呢？例如，人月是表示工作量的一種單位，對於估算的對象，考慮大概需要花多少時間，然後根據那個人一個月的可用時間，得到一個數值，用以表示工作量。

在估算時，往往需要從各種角度計算所需時間，並試著得到一個可靠的數字。確實需要花時間思考，但最終與實際結果還是多少會有些差距。不僅是軟體開發，任何工作在估算時有差距都是很自然的。

要掌握工作量好像很麻煩呢

要想像工作量其實也沒有這麼難，可以判斷實際做的工作是否看起來簡單，或是看起來很難所以很費功夫，又或者是雖簡單但也有很多事情要處理所以很麻煩。如果產品待辦清單中有類似項目，可以與其比較，判斷工作量是否差不多。而將上面這些化為一個數字，就成了估算。

只要能用數字表示工作量，接下來就很容易了。一旦知道 Scrum 團隊每次 Sprint 可做多少工作，就能用發布所需項目總估算計算出需要的 Sprint 次數，而知道了需要幾次 Sprint，就大概能知道可以做到產品待辦清單的什麼位置。只要知道了這些，即使開發期間已經決定，也能計算出維持 Scrum 團隊所需的預算。從工作量的角度思考，可以回答達成預期目標和發布產品所需資金時間的問題，這就足以讓我們預測未來了。

要怎樣才能將其化為數字呢？

如何將工作量化為一個數字呢？許多 Scrum 團隊採用一種叫做相對估算的方法：先決定一個基準，然後將項目與其相比，考慮其工作量。

作為基準的就是產品待辦清單中的某個項目。因為這個基準是要用來掌握工作量的，所以我們應該對其必要工作有具體概念。先幫基準標上任意數字，之後將其他項目與基準相比，如果認為工作比較簡單就給較小的數字，如果覺得較難，就給較大的數字。也可以考慮工作量可能會是基準的幾倍，然後給一個數字。

先從能確實掌握的工作來比較並進行估算啊

來思考看看怎樣算是適當的基準，譬如這就是有具體概念的工作：「最多只需要幾個畫面，而且都不是很困難。要實作的邏輯以及處理的資料也不複雜，所以必要工作大概就是這麼多，而且都不難」，像這種程度的概念，如果已經準備好要開發的話，有信心可以在一週內完成。

不過也不能用太簡單的項目作為基準，不然其他項目與此基準相比時，可能會變成難上 100 倍的項目。數字太大就不容易掌握工作量，所選擇的基準最好能讓差距在 10 倍之內。

所以以工作量來說，
基準最好是排在中間的項目啊

為了找到好的基準，我們先把產品待辦清單內容打散，改用工作量來分類，可以大致分成三類就好。

- 好像很容易完成
- 好像有點難
- 好像挺難的

分類之後，把「好像有點難」之中的項目依工作量大小順序排列，然後在中間位置附近的項目中選擇一個能掌握具體概念的工作項目，並選為基準。

對項目進行分類時，如果有的項目不知道要達到什麼目的，或者有的項目需要大量的工作，就暫時排除，不然很難找到適合的基準。為了之後再次估算被排除的項目，也要做一些準備，譬如進一步訪談相關人員以具體了解內容，並切分成數個項目，這樣才能掌握工作量的概念。

另外，在估算其他項目時，如果覺得基準不合適，可以重新評估基準。目標是確實了解產品待辦清單項目所需的工作量，所以不要根據不適當的基準勉強進行估算。

雖然用數字可以表示工作量，
但是否應該考慮得更仔細呢？

這種相對估算的方式前提是估算對象還不確定。對還沒實作的東西進行估算，只是一種推測，當然雖說是推測，不代表就是隨便估算。

在相對估算中，為了盡可能處理不確定的事項，使用的數字也有些巧思，例如常用的是像 1、2、3、5、8、13……這樣的數字，也就是費布那西數（Fibonacci number）。估算時就從這些數字中選擇。可以使用喜歡的數字作為基準，例如用 3 作為基準，比基準大一點的項目則是 5，不用考慮不確定性帶來的些許誤差。這樣就不用勉強自己去準確估算一些不確定的事情，而這也不是沒有根據的數字，而是表示工作量不會大到兩倍的程度。

另外，如果使用費布那西數來估算，那麼當要表示比基準更大的項目時，就要用到 8 或 13 的數字，如果 13 還太小，就用 21，以此類推。換句話說，比較大的估算值可以告訴我們，估算對象還有很多不確定性。如果是非常重要的項目，那就需要再切分成小塊進行估算。

此外，限制只能用這些數字，使我們能夠快速估算，不必擔心些許誤差。

估算就是推測啊

如果可以在估算時利用一些做法來減少不確定性，那就應該採用，但別忘記，估算不過是一種推測。你可能會認為盡可能詳細評估可以使估算更可靠，但其實也只是更詳細地推測，所以別對估算過於自信。有時會看到專案雖然才剛開始，但產品待辦清單中卻有大量項目，且內容非常詳細，甚至包括很久之後才會進行的項目。項目越詳細，似乎估算就會越準確，但事實上，這往往是一個不好的徵兆。如果在實作某些項目後，才意識到一開始的推測有誤，那麼花在上面的時間就白費了。

因此，將產品待辦清單的項目內容仔細釐清這件事，只需要處理接下來幾次的 Sprint 即可。請記住，為往後的事情花太多時間，有可能會浪費掉。如果真的很重要，那就將順序往上移，然後才專注於處理其細節。

只要關心即將到來事項的細節就好了

這種方法重點在於快速估算。估算只是推測，不管進行多少次都無法肯定，不要花大量的時間去估算每一條項目，也別害怕估算有些許誤差。

估算得越快，就有越多時間來確保之後的預測順利。先實際進行 Sprint，然後完成一些想實作的事項吧，然後就可以看到估算的基礎是否無誤，或者是什麼原因導致與實際結果有巨大偏差，還能確認自己的推測有多高的正確性，這是很重要的資訊。我們可以判斷自己所要做的是否能滿足其他人的期望，也該經常利用這些資訊來更新估算，這樣就能對之後的方向有更清晰的認識。能越快做出估算的話，就能越常修正。

時間還有其他的用法，例如可能還無法立刻開始 Sprint，此時可以考慮在進行開發時涉及的風險。若是有重要的事情仍然模糊不清，或是還不熟悉採用的關鍵技術或 Scrum，這種情況下可以進行開發嗎？如果對此類風險置之不理，其實比估算中存在些許誤差還令人擔憂，所以可以想想該如何處理，讓未來的開發更加可靠。

這是一種快速估算的做法啊

當然，並非因為是快速估算所以就可以隨意給數字，即使是 Scrum 團隊也希望估算能更準確，不要讓人不安。接下來的場景 5 將介紹該如何做到這點。

順帶一提，這個估算中的數字單位通常稱為點或點數（point），名稱沒有什麼特別的意思，重點是其代表工作量，而非時間或費用。為了在估算時記得這點，所以我們用點數這個跟平常不太一樣的單位。

那麼，就來看看小僕和他的 Scrum 團隊能否快速估算吧！

大
中
小
像這樣
唔……關心的是
工作量呢～

不過…基準是
怎麼決定的？
之前都沒做過
估算
我也沒有

先按照工作的
多少或難度來
分類吧
L
M
S
就像T恤的尺寸一樣

這個分到
M……
嘰嘰
喳喳
這個看起來
更麻煩呢

嗯，
順利分完了呢
S
M
那麼
在 M 分類中最容易理解的是……最有概念的是哪個？
可能是這個～「管理者可以刪除使用者」
那就把這個定為 3 吧
那麼，與基準相比，這個是多少？
嗯
跟之前做的差不多
其他的也是像這樣估算

SCENE NO. 05

讓估算更可靠

連我也可以嗎？

Scrum 團隊開始採用相對估算，
但為何開發團隊需要估算呢？

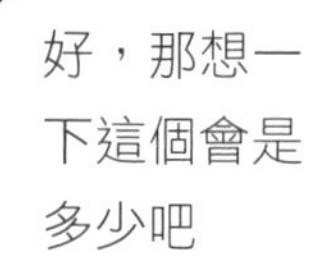

接下來是使用者的…
一…二…
三！

欸～
咦？又是只有批次君的比較大
只有我是5…

批次君，那3可以吧
因為還算簡單
啊…好的

那個，我…我想說參加估算，會不會造成大家困擾……
而且以前也沒有做過這種系統……
哦，批次君說話了

如果給副組長
或是小僕
他們去估算，應該會更好

的確……
欸…

大家等一下！我們再試試看！

盡力猜測!!

在開發尚未開始前，估算就只是猜測。要估算的對象充滿不確定性以及模糊之處，接下來要做的東西，也不會與過去的完全相同，體制、環境、進行方式等也都不同，而且想實現的目標也可能隨著開發進行而改變。

就算花費大量時間試圖確定模糊之處，也還是無法確定。如果快速估算，並嘗試自己的推測，更能確切掌握。在 Scrum 中，與其花費時間推測，不如實際嘗試並確切掌握，因此才需要快速估算。

但也不是就把模糊的地方放著不管，還是要盡可能去釐清，所以要考慮一下該怎麼做。

該不會讓開發團隊估算也是為了確切掌握？

把估算交給有大量知識和資訊的專家來做會比較安心，而估算需要釐清所涉及的工作量，所以要問最了解的人。

在 Scrum 中，真正進行工作的開發團隊是最有知識的專家。如果是開發團隊來進行，就可以思考實作邏輯是否簡單（但需要撰寫大量程式碼），或者團隊的技能是否足以應付。這些判斷也是估算時的重要資訊。

只有實際進行的人，才能掌握這種資訊。沒有這些資訊的人在估算時，會難以避免地為了滿足周遭人士的期望發布時間，而做出有偏見的估算。在 Scrum 中，最終的估算由實際進行工作的人決定，正是為了防止這種事情發生。

但開發團隊要如何估算各種工作呢？

說不定開發團隊也對估算感到不安。但一般來說，大部分的開發工作主要都涉及實際撰寫程式碼，這部分的專家當然是開發團隊。那如果是關於需求跟要求的工作呢？在建立產品待辦清單的過程中，產品負責人和開發團隊要一起處理的就是這個部分。只要一直在做這種工作，即使是開發團隊也能做出決策來進行估算。

在 Scrum 中，開發團隊不僅要撰寫程式碼，還要檢查架構和規格，並總結需求。因此，唯一清楚工作內容又知道開發團隊實力的，就只有開發團隊自己，所以他們可以做出更可靠的估算。

自己的工作要自己估算才行啊

那麼就來實際看看要怎麼進行。許多 Scrum 團隊使用類似撲克牌的卡片進行估算，這種方法稱為估算撲克（以下簡稱「撲克」），這裡簡單介紹進行方式。

開發團隊當然是全員參與，每個人都會拿到一套卡片，卡片上有 1、2、3、5……等費布那西數。卡片可以是手寫的，可以用撲克牌，也可以使用市面上的專用卡片。

要怎麼用卡片估算呢？

估算時，會用這些卡片，把產品待辦清單中的每條項目都與基準進行比較。

首先選擇一個項目來估算，然後每個人都考慮數字應該是多少，都選好之後同時出示卡片。如果不是所有人一致的話，就簡單討論選擇該數字的理由，聽完每個人的意見後，大家再重新選擇並出示一次。重複這個過程，直到大家的數字一致。

別忘了這麼做是為了快速估算，你可能會想把兩張牌加起來，得到一個牌上沒有的數字，但數字切得越細就越不確定，也越需要時間。另外如果討論總是很長，也有一些方式，譬如只有出最大跟最小數字的人可以發言，或是即使數字沒有完全一樣、只要相鄰就當成一樣……等各種方法。

要讓估算變得可靠，只有開發團隊才行啊？

進行撲克並不是因為這樣比較容易導入，而是因為容易得到開發團隊的意見，而估算時能聽取很多意見是很重要的。一個人可能會錯過一些重要的東西，但如果有整個開發團隊的智慧，就能從各種角度分享討論意見。但我們也不想在估算上花太多時間，想迅速收集整理意見，所以我們才採用撲克的方式，因為可以專注在要點上，達成大致的共識。

可以用很多雙眼睛來檢查，
而且很容易收集到各種意見啊

模糊不清會導致每個人的認知出現差異，如果沒注意到差異，就容易在工作完成後發生問題。

撲克可以找出模糊的地方，觀念上的差異就表現在數字的差異，討論這些差異，就能知道該如何解釋這些模糊的地方。有時大家第一次出的牌就正好一致，但其實可能大家認知不同，所以應該至少要有一個人表達看法。

另外在討論過程中，會出現有關估算對象的問題，對這些問題進行討論，可以使模棱兩可的事情更加清晰。我們也想盡快進行，所以會請產品負責人一同參加，積極合作。

如果疑問沒有解決、無法進行估算，那麼就不要勉強給出數字。無法估算這件事本身也是重要資訊，如果無法估算的是非常重要的項目，那就得先花一些時間解決問題。

哦，彼此討論可以釐清模糊的地方啊

撲克重視的是實際進行工作的人之間的對話，而為了讓大家積極對話，我們進行撲克。

如果只有開發團隊的高級工程師等人在發言而沒有彼此對話，那就是一個不好的跡象。即使是高級工程師，也可能會漏掉一些東西，而跟其他人的看法產生差異。此時會請他不要估算，而是擔任顧問，並且觀察估算的過程，再說出大家遺漏的部分。開發團隊在進行 Sprint 時會進行多次估算，所以最好在開始時加強估算的技能，顧問也能利用與大家的對話，了解一起估算的好處。先讓他理解為何自己不能參加估算，之後再請他一起參與。

原來如此，若是沒有對話就沒有意義了

如果想讓估算盡可能準確，會需要各種努力。但如果想輕鬆估算，就可以利用撲克這個工具。

不過即使用了撲克，也可能在第一次估算時還沒湊齊開發團隊。但為了盡可能緩解對未來的焦慮，應該盡最大努力進行猜測估算。是否能把將加入專案的人先找來呢？如果找不到時間估算全部項目，是否能先估算前幾次 Sprint 需要的部分呢？如果先找齊將成為開發團隊的人一起進行估算，也許能用某種方式估算其他項目。即使不能找齊開發團隊，如果能迅速進行，也有機會讓結果更可靠。

那麼，就來看看小僕和他的 Scrum 團隊該如何盡力猜測！

估算的時候擔心的是什麼呢？
這個吧？看起來很複雜，大家數字也都不同
把理由寫下來吧

好，大家都寫好了
其中哪項最讓你驚訝？

應該是這個吧
不習慣的人可能會很辛苦
很好！這是誰寫的？
的確很有道理

是…是我

沒關係！這裡的任何人都可以參與估算！大家一起進行，就不會遺漏這些事情了，對吧？
我一個人應該也沒辦法的吧？

其他的也有好好估算，這個要很多畫面，所以估算也會很大
嗯，當然～

好的，剩下的也都估算一下吧！
下一個、下一個
一…二…
就像遊戲一樣，邊估算還可以從中積極地獲得樂趣對吧
嗯，看起來的確很有趣

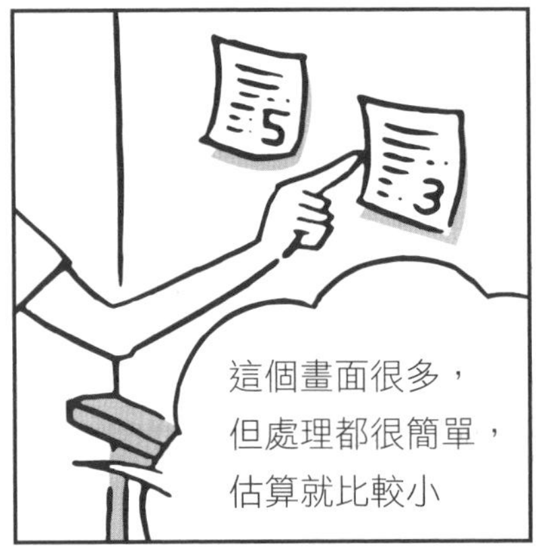
這個畫面很多，但處理都很簡單，估算就比較小

原來如此～
估算大概是這樣～
做得好！

用初始計劃建立團隊共同語言

好好利用建立初始計劃的時間！

初始計劃是 Scrum 團隊的一項重要活動，可以讓大家對專案和產品的認識看法比較一致。初始計劃的過程跟結果差不多重要，因此花在製作初始計劃上的時間也很重要。雖然為了有效率的討論會提早準備好草案投影片，但還是要盡可能空出一起製作投影片的時間。

初始計劃時的幻燈片之一是電梯推銷，這是指在搭乘電梯的時間中（15～30 秒），對投資者介紹自己產品的方法。在製作投影片時，首先要花時間讓大家都先寫一份電梯推銷，都寫好以後就彼此分享，可能會發現大家所寫的各不相同。在團隊建立的早期階段就能看到認知差異是很好的，透過討論可以弭平差異，做出一份大家都同意的電梯推銷。

電梯推銷

- 給［目標顧客］用的、
- 想要［滿足潛在需求、解決潛在課題］的
- 專案［專案名稱］是
- ［專案類別］。
- 可以達成［主要益處、令人信服的選用理由］，
- 與［主要競爭備選方案］不同，
- 提供［差異化的決定性特徵］的功能。

Scrum 團隊由不同背景的人組成，花越多時間一起建立初始計劃，交流的話語就越能成為團隊的共通語言。例如隨著發展的進行，會產生

「我們再看一次電梯推銷」

「那個，關於這種情況，之前是有個問題讓你晚上睡不著對吧？」

「這個在不做的清單上，所以現在先不要考慮」

這樣的對話。對團隊來說，能有共通的語言，就是最好的團隊建設（team building）。

（及部 敬雄）

不做的清單

要做	不做

之後決定

SCENE NO. 06

制定未來計劃

何時可以得到什麼？

Scrum 團隊能夠對產品待辦清單進行估算了，
那能從中知道什麼呢？

之後我們要同時切換所有分店的系統，所以這次絕對不能之後才說不夠喔

什麼時候交出什麼

如果計劃不能知道這些，那就麻煩了

預先了解未來的事情

在開始開發前要注意的，就是關於未來的預期。每個人都想知道第一個版本何時會好，如果有期限，那也會想知道能拿出什麼成果來，而且還需要確保能滿足利害關係人的期望，這就是訂定計劃的意義所在——整理未來的展望。那麼，Scrum 中該如何預測未來的事情呢？

是從產品待辦清單看出來的吧？

在 Scrum 中，可以透過產品待辦清單項目估算來考慮未來的事情。產品待辦清單中整理了我們想實作的項目，並估算了各項目的難度和工作量。工作量用任何單位都可以，不過常用的是稱為「點」的單位。再來如果可以知道 Scrum 團隊每個 Sprint 可以完成多少工作，就能知道很多事情。

例如假設工作項目總共有 200 點，全部都想實作，如果知道每個 Sprint 可以完成多少點，就知道全部實作需要多久。每個 Sprint 可以完成 10 點，總共就需要 20 個 Sprint 才能完成 200 點，如果一個 Sprint 是一週，那就需要 20 週。將欲實作項目的點數估算總和除以每個 Sprint 可完成的點數，就能算出需要多少 Sprint。

如果是先決定了期限，那也一樣，例如期限是 10 週後，那麼可以實作的項目總共 100 點。

「每次 Sprint 可完成的點數」這個數字，被稱為速率（velocity），就像是一個 Scrum 團隊的速度。利用速率可以了解開發之後的發展，使用的是以下方式。

- 絕對必要項目的估算總和 ÷ 速率 = 必要 Sprint 數（期間）
- 速率 × 期間內可進行的 Sprint 數 = 可實作點數（可做到哪裡）

知道速率就能預見未來的情況啊

那麼怎麼知道速率呢？工作進展的速度該多快，並不是由任何人來決定的。如果先決定了發布日期，然後再決定該達到什麼速率才能做到，這樣也很奇怪，只是一廂情願的做法。速率對於考慮未來很重要，所以必須是個更可靠的數字。

速率並不是用決定的，而是用測量的，想知道一個 Sprint 可以實作多少，最好的方式就是實際測量。先試試看一個 Sprint，然後將實作的項目的估算數字加總即可。當然，沒完成的項目數字不要加進去，還可以把近幾次 Sprint 的結果平均，結果會更可靠。持續在每次 Sprint 進行測量，會讓結果越來越可靠。當然速率多少會有波動，但至少比沒有根據的想像來得更可靠。

速率
是 8 點！

[illegible]	示範步驟	估算
外出[illegible]狀況，因為想根據最新狀況擬定業務部的業務戰略。	[illegible]XXX 公司的記錄頁面，輸入訪問日期時[illegible]訪者、會談狀況、[illegible]並按下記錄按鈕。確[illegible]使用者名稱…	5
想限制使用者，因為機密資料僅供正職員工參考。	未登入[illegible]示登入畫面。輸入小[illegible]和密碼…	3
業務員想從各方面搜尋客戶並了解詳情，這樣在會談時較有優勢。	在首頁選擇[illegible]會顯示搜尋畫面，[illegible]公司名稱、行業、資[illegible]地址…	3
……		

OK
OK
NG

計劃在 Sprint 實作的項目

但這樣的話，開始開發前無法知道……

在開始開發之前，我們無法知道確切的速率，但有幾種方法可以得到接近實際速率的數字。首先，如果這次的開發團隊成員和以前一樣，估算基準可以設得和以前一樣，這樣就能參考過去的速率。

如果團隊不同，那麼在真的開始 Sprint 之前，可以先嘗試進行一些項目，獲得一些參考值，例如可以從產品待辦清單中選擇一些簡單的事項實際動手，同時可以進行技術驗證和確認示範環境。或者如果有時間先檢查、整理要求，那麼可以將其中一個要求當作實際軟體以進行確認，這種方式就跟正常的 Sprint 過程差不多。

如果可以在 2 天內完成 5 點，那麼一週的 Sprint 大概可以多完成一倍左右，達到 8 ～ 15 點。比起毫無根據的隨便一個數字，這個方法更值得參考。

如果連這樣都無法進行的話，那就讓開發團隊來判斷。從產品待辦清單中選擇一些項目，討論並決定在一週內可以完成多少工作。雖然還是無法很肯定，但實際進行工作的人的意見會很有幫助。不過如果有需要滿足發布日期的壓力，就很容易在數字上屈從於要求，這樣無法作為未來的參考，還請注意。

原來如此，就是盡量接近實際測量的數字吧？

此外，在展望未來時，也要考慮 Scrum 團隊的實力，例如習慣 Scrum 的 Scrum 團隊可以更早發現處理問題，這樣的團隊有辦法盡量不影響計劃。但如果還不習慣，可能會忽略問題或回應緩慢，因此在計算所需 Sprint 次數時，除了根據速率算出的次數之外，還要保留一些餘裕。

因為多了幾個 Sprint 作為緩衝，所以即使某次速率變成 0，也還有挽救的機會。此外如果是 Scrum 新手，在習慣之前可能速率都不會增加，習慣是需要時間的。

這些部分光憑速率是看不出來的，請務必與 Scrum 團隊討論。

有些東西光憑速率看不出來啊

還有一些事情僅從速率是很難了解的，就是關於發布的工作。隨著開發進行，可能會將其作為產品或服務，對外提供或公開，也可能會是交付最終的成品。這就是發布或發行（release）。這方面的準備工作往往跟平時的工作不同，例如會有另一個獨立部門或組織決定是否可以發布，必須向他們申請。此外還需要進行一些性能或安全方面的測試，這些在日常開發中很難進行，也可能需要確保成品能在正式環境中運作，或是撰寫發布後所需的手冊。

發布的工作需要特別處理嗎？

如果 Scrum 團隊已經熟悉發布相關作業，就會知道涉及哪些工作，並能對其進行估算。如果有能力做到這一點，那麼可以在產品待辦清單中寫下需要的內容，就像對待其他項目一樣即可。

但如果還不習慣，那麼應該考慮跟 Scrum 分開。在一般的 Sprint 結束之後，會有另外的時間進行發布的工作，這段期間有時稱為發布 Sprint（Release Sprint）。這段期間不一定要進行 Scrum，因為我們只需要完成發布相關必要工作即可，也可以參考以前所熟悉的做法。

其實最好是每個 Sprint 都能進行發布，這樣我們就能僅憑速率來展望未來的情形，但其實能做到這樣的 Scrum 團隊很稀少。剛開始的時候，就先根據團隊的實力，決定是要把發布當作產品待辦清單的項目之一，或是另外準備發布 Sprint。

發布的工作得根據能力來考慮啊

從產品待辦清單可以預見未來情形，但從其中很難知道學習 Scrum 需要多久時間，或是何時開始發布 Sprint，也可能有重要的活動、暑假等，要想僅憑產品待辦清單來處理這些事情，需要一些時間習慣。如果還不習慣，可以試著整理往後的進度安排，好讓自己看得清楚未來的計劃，例如像這樣的圖。

寫下重要的預定事件作為里程碑，特別是重要的會議和活動不能忘記，一定要寫下來。還有特別是像發布需要事先準備工作，要注意別在最後一刻才驚慌失措，所以推薦可以把圖貼在看得到的地方。

此外，透過這樣的整理，也能讓還不熟悉產品待辦清單的利害關係人清楚了解未來會如何進行。

除了產品待辦清單之外，也可以先整理未來的進展讓大家了解啊

這種訂立計劃的活動有時稱為發布計劃，其實發布計劃也是會不斷審視修正，因為這也是基於現今狀況而預測的。在 Scrum 中，我們相信只有實際完成的成果才是確切的，其他都是預期或推測，也可能會出錯。我們應該根據速率及最新狀況不斷修正計劃，讓計劃更可靠。

也許你會想堅持計劃不修改，而想在速率上動手腳，但這樣的話就會失去唯一一樣確定的東西，所以千萬不要這麼做，請別忘了計劃的不確定性還更大。

此外你還可能會擔心計劃老是變來變去，但如果繼續按照錯誤計劃進行，總有一天會需要大幅修正，到時候就很麻煩了。如果早點處理會更簡單，也有更多方式應對。反覆檢視及修正計劃，可以使 Scrum 團隊更容易達成目標，即使已經訂立計劃，也別忘了要時時檢視修正。

那麼，接著就來看看小僕和他的 Scrum 團隊是否知道未來會發生什麼吧！

啊！產品待辦清單最上面那個終於完成了，應該花了 2 天
我也有幫忙
簡單～

太好了！那是幾點的項目？
1 點喔

想問大家，這個和這個能在一週內完成嗎？
簡單～！
應該可以！

再加一個呢？
唔……

嗯…習慣的話可以想辦法
現在應該不行，一週太趕了～
謝謝！
總之這就是我想知道的！

……
砰!!

啊！
剛好要
找你
小君 !!

我整理了**產品待
辦清單**，這樣就
可以分階段檢查
有沒有工作障礙
也有問過開
發團隊的意
見看想先做
什麼喔
小君……
好！

一週 8 點…
因為總共有
168 點…
按照現在人數
要 5 個月…
這樣可以！

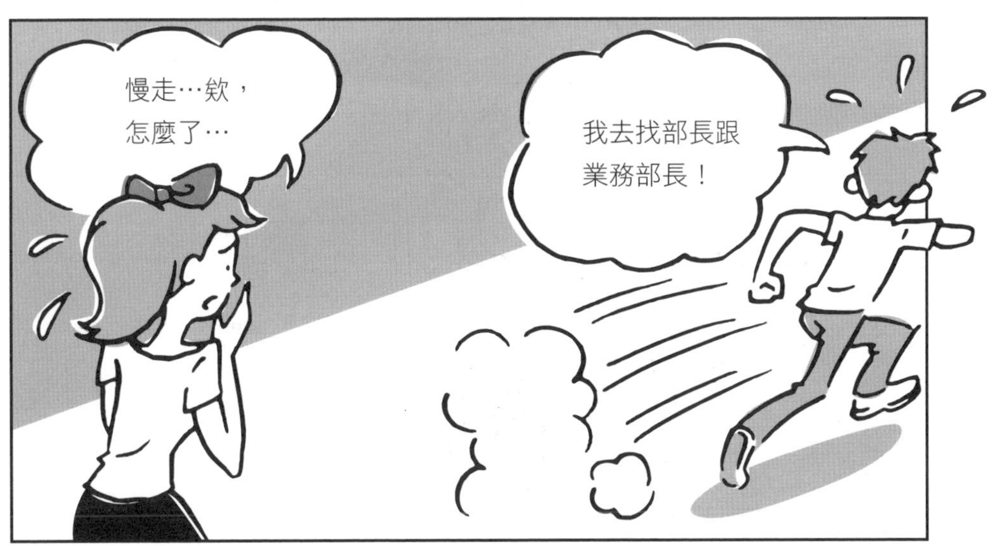
我去找部長跟
業務部長！
慢走…欸，
怎麼了…

SCENE NO. 07

制定詳細計劃

計劃是否得當？

被部長找去後已經過了一週，
終於準備好了，似乎該開始 Sprint 了。

示範步驟也先寫好了，在產品待辦清單項目旁邊……
之後會找人去解釋……
嗯，這裡對我有點太專業了

目前有沒有看到什麼是 Sprint 中可以實作的嗎？先休息一下，下午再來看如何達成目標……

…不好意思，這是我第一次進行，不知道小君可以一起參加嗎？
非常樂意♪
好累～
吃飯！
吃飯！

對了，那項任務啊，其實是我提出的

因為這次小僕不在開發團隊，所以我先做了
「需求定義」、「實作」、「測試」……
總…總之午休後再聊吧…

建立腳踏實地前進的計劃 !!

Sprint 計劃會議這個事件，是要為即將到來的 Sprint 進行規劃的。在會議中，產品負責人和開發團隊會就「要實作哪些產品待辦清單項目」討論兩個主題。

第一個主題是「這個 Sprint 可以做什麼？」。產品負責人和開發團隊可以先初步了解在這個 Sprint 可以做什麼、做到什麼程度。第二個主題是「要如何實作？」。開發團隊是主角，要確定實際的開發工作，並制定更實際、更具體的計劃，然後決定在此 Sprint 要實作哪些產品待辦清單的項目（product backlog item）。那麼具體該如何進行呢？

「先初步了解」是什麼意思呢？

關於第一個主題「這個 Sprint 可以做什麼？」，是產品負責人向開發團隊傳達想在此 Sprint 達成的產品待辦清單項目。因為產品待辦清單的項目是按照想達成的程度排序的，所以只要表達想要從上面開始實作到哪裡即可。例如可以這樣說：在這次 Sprint 中「希望至少能做到基本的使用者管理，所以麻煩實作前三個」。

速率可以用來衡量能實作多少，這是根據過去實際 Sprint 測量所得的值，用來衡量每個 Sprint 可以實作多少。如果之前的 Sprint 速率有 10 點，那麼這次的 Sprint 也很可能可以完成合計 10 點的產品待辦清單項目，我們可以從產品待辦清單上方開始計算項目點數。

故事	示範步驟	估算
外出的業務員想記錄… 因為想根據… 務戰略。	顯示 XXX 公司的記錄頁面，輸入訪問 …、會談狀況、報告內容，並 …。確認畫面會顯示使用	5
想限制使用… 職員工參考。	…取會顯示登入畫面。 輸入 …	3
業務員想從各方面搜尋客戶並了解詳情，這樣在會談時較有優勢。	在首頁選擇搜尋 tab 會顯示搜尋畫面，輸入條件，如公司名稱、行業、資本額、地址…	3
……		

速率是 10，所以
做到這附近！？

所以可以參考速率，看工作量是否合適啊

接著是釐清欲實作的具體目標。產品負責人應該向開發團隊解釋每條項目，產品負責人和開發團隊會一起準備，提前弄清楚產品待辦清單頂部項目的具體內容。因此 Scrum 團隊應該了解頂部項目的內容，但如有必要，可以準備追加資料，或在白板寫下詳細資訊，確認大家理解是否一致。當然，如果有任何新的問題或疑慮，也可以繼續討論。

此時也要再次確認各項目的「完成」是指什麼，如果還是模棱兩可，那麼產品負責人就無法判斷是否真的完成，開發團隊也不知道該做到什麼程度才算完成。

有時候會發現我們忽視了某些地方，或是彼此理解不同。如果勉強繼續進行，最終就是無法完成，所以還是好好討論吧，不然努力了卻得不到好結果。

如果在討論第一個主題的過程中發現了其他想實作的項目，也可以更改順序，不過前提是開發團隊也對該項目做好了進行工作的準備，如果沒信心可以完成，那麼也不會有好結果。

至此的「這個 Sprint 要做什麼」就是第一個主題的內容。

第一個主題也要先決定怎樣才算結束啊

一旦知道如何實現目標，就能清楚知道是否真能在 Sprint 期間完成，這就是要在第二個主題思考的問題。開發團隊全體成員都應該確認並詳細估算所需的工作內容，然後判斷是否真能達成。

如果對 Sprint 要如何進行工作有概念的話，就更容易確認工作內容的細節。譬如像這樣「先考慮畫面架構和項目、然後設計、實作、測試……」，然後就能將其確認為「實作 XX 畫面」這樣的工作，這些工作就是任務（task）。

接著才是考慮是否真能達成啊

確定任務後就可以進行估算了，最常用的方式是以時間來估算，考慮完成任務需要多久時間。將估算時間加總，就能確認是否可在 Sprint 期間完成。小而詳細的任務應該不會有很大的估算誤差，但還要考慮到平時除了開發以外，還得參加會議、處理電子郵件等，一天大概只有 5 ～ 6 小時可以用。不過別煩惱太多，如果覺得某項任務半天就可以完成，那就估算為 3 小時。像這樣以完全不會被干擾的理想作業時間來估算，叫做理想時間，以這種方式來估算，就足以確認任務是否可在期間內完成。

接著，當開發團隊認為這些能在 Sprint 期間完成，就跟產品負責人說「沒問題」，這樣 Sprint 計劃會議就可以結束了。如果覺得可以做得更多，或是認為有難處，都可以跟產品負責人協調，調整要進行的產品待辦清單項目。

不用管理已確認的任務和估算嗎？

最後要總結一下已確認的任務和估算，這就是所謂的 Sprint 待辦清單（Sprint Backlog），是 Scrum 制定的產出物，可用來與大家共享日常進度，或在發生問題時用來找尋原因。不過並沒有一定的總結方式，譬如可以用試算表或專用工具做成表格，也可以寫在便條紙上貼起來。

這是開發團隊的所有物，用途是使 Sprint 能順利進行。開發團隊以外的人可能會試圖干涉，不過可以無視。

在真的開始之前，
好像就已經認真起來了～

在 Scrum 中，我們相信開發過程中關於未來的事情都只是預測，我們不知道未來何時會發生重大變化，所以我們只會相信已取得的成果並繼續進行。但如果只根據目前取得的成果，不知道未來會如何發展，會令人感到不安。話雖如此，但就算花費大把時間，也做不出能讓大家一直放心的長期計劃。

所以請制定一個令人放心的計劃，是自己有信心能夠達成的，即使這個計劃只有幾個星期。如果計劃能順利進行，那麼就可以一次又一次重複。當然計劃會根據實際狀況變化而修改，就算計劃只有部分是比較明確的，也能確保對未來的預測，這就是 Sprint 計劃的意義所在。在計劃會議中，必須制定一個具體而詳細的計劃，讓 Scrum 團隊全員都覺得「這樣肯定能達成」。

Sprint 計劃就是為了
確保能夠完成而制定的啊

現在思考一下該做什麼才會有信心達成目標，最重要的是要了解在 Sprint 中真正想實現的目標。你可能會專注於這次 Sprint 中一條又一條的項目，但真正需要達成的其實是 Sprint 的目標，也就是「Sprint 目標」(Sprint Goal)，簡單扼要地表達了想透過多個項目實現的目標。

像第一個主題中所說的「這個 Sprint 希望至少能做到基本的使用者管理」，這個 Sprint 目標就是想要出錢出力去達成的目標。深入去了解它，可以幫助了解為何需要各個項目等意圖。只要認知沒有偏差，應該就不會發生成品拿出來以後，才被說與想要的不同這種事。

而從實現目標的大局思考，而非僅關注個別項目，也能幫助我們找到最好的實作方法，更容易制定簡單的計劃。即使 Sprint 中間發生意外，也可以從更廣的視野來考慮，與單獨處理每個項目相比，我們會有更多選項。

了解目標就能制定更明確的計劃啊

然後我們就能使大家對實現目標的認知一致。如果不知道要實現什麼，就無法制定明確的計劃，常見的方式是決定示範步驟，例如「如果在這裡輸入〇〇然後按鈕，就可以在下一個畫面看到這則訊息，輸入的資料會以 ×× 形式顯示」。也可以設定驗收的標準，大概像「3 秒內顯示 10 萬筆資料，可以查看所有特定項目」。這樣就能迅速判斷是否已達成所追求的目標。

釐清示範步驟可以讓想實現的目標更加具體，如果想實現的目標仍很模糊，很可能會在做完之後又需要重來。之所以觀看成品進行確認，是因為想確保是否有按照所想的實作，如果先思考實際上會怎麼示範，大家就較易理解欲實現目標。這點非常重要，許多 Scrum 團隊會花很多時間進行討論。

必須具體到可以立刻判斷
是否已經達成目標了啊

接著要確實地釐清任務內容並進行估算，且要先處於一個沒有重大疑問或疑慮的狀態，不然在進行任務時遇到不清楚的規格而去詢問產品負責人，結果可能要幾天才能得到答案，所以請確保是否有需要立刻回答的問題。能在 Sprint 計劃會議上積極討論其憂慮之處的 Scrum 團隊就是處於良好狀態，提前整理好一張問題列表也是不錯的方式。

我們也要能決定何時開始任務以及何時結束，例如假設是登入畫面，開始實作的時候就能判斷是否能在當天結束。如果是像「定義需求」這樣的任務，沒人知道何時能完成，所以無法制定明確的計劃，因此任務的單位應該在一天以下，大部分的 Scrum 團隊會將其細分至半天或幾個小時。

為此可以把任務列表貼出來，大家聚集在一起討論如何進行，進一步釐清任務內容與細節。可以畫出類別圖確認設計，或是根據具體日期想像開發要如何進行。整個團隊一起思考，可以幫助找出工作中的疏漏，並確保大家認知一致。

嗯，項目很多的話，會很辛苦呢

如果一個 Sprint 計劃中要處理的產品待辦清單項目太多太難，可能是一個不好的跡象，有可能是每條項目的內容太過詳細，也可能是對於要實作的項目決策過於詳細。要注意的是，不管內容有多詳細，都還不是明確的，如果想要分享欲實作事項的想法，就要花更多時間與產品負責人以及開發團隊討論並準備好資料。

此外，如果 Sprint 中想實作的項目太多，也很難制定明確的計劃，例如很難確立 Sprint 目標，產品負責人需要花費更多時間來準備每個項目，開發團隊也無法詳細確認必要任務的內容，得到的會是一個半吊子的計劃，計劃變得很不明確。Scrum 團隊能確實完成的項目數量，就是他們自己有信心能夠完成的數量。

欸 !? 只要把能做到的都做到就好了嗎？

如果沒有信心是否能確實達成，就直接進行 Sprint，那麼會立刻評估結果。如果結果不好，可以在下次的 Sprint 計劃會議採取策略，減少項目數量到有信心的範圍。我們反而要擔心不好的結果被隱藏起來，例如可能非常在意團隊外對進展的期望，所以把沒做到的當成做到的，或是跳過一些該做的測試，這些在之後都會變身為嚴重問題回到自己身上。如果允許繼續這樣進行下去，那麼速率也會變得不可信賴。速率是一個重要線索，可以讓我們知道正在發生不好的事，早期發現就能早期處理。如果速率無法信賴，那麼我們對未來就會一無所知，譬如就無法知道何時可以發布。

得要是 Scrum 團隊能判斷的量，
才能順利進行啊

Sprint 計劃會議這個事件，是為了確保 Scrum 團隊能更接近欲實現目標的，我們的目的不是為了在預期發布日或期限前做完所有東西而倒推出計劃，重點是該計劃能讓我們有信心在這個 Sprint 確實達成這些事項。這需要 Scrum 團隊全體成員的力量，而如果我們能確實達成未來幾週的目標，就更能確保未來目標的達成。請大家記得，這個事件是要制定這樣的計劃的。

原來如此，是要制定明確計劃的活動啊

那麼，接著就來看看小僕和他的 Scrum 團隊是否能夠實現 Sprint 目標，並制定計劃確保他們正朝著這個目標前進吧！

會做的～
午休後
順便問一下，這個任務具體是要做什麼？
這些是要求

喂喂！！等一下！
現在就要更具體的內容！

我嗎!?
就是你！可能就交給你來實作

熙熙攘攘
大家都了解示範步驟了嗎？
請大家過來集合～
請用白板說明吧
的確……

我在想的是…如果做這個……
沒有想到那個呢

知道了
所以需要做這個工作吧
對對
不不，跟我想的不一樣耶

知道了
好的，再來重新看一下任務吧
來吧
來吧

畫面的實作任務……
要新增兩個模型喔
再來是函式庫的驗證

完成了～
好累～

大家覺得這次如何？
時間上看來應該也可以
對啊～
喔～

應該可以！
太好了～

SCENE NO. 08

迅速處理風險

Sprint 進展順利嗎 !?

昨天都在制定計劃，
今天是 Sprint 真正的第一天。那麼首先要做什麼呢？

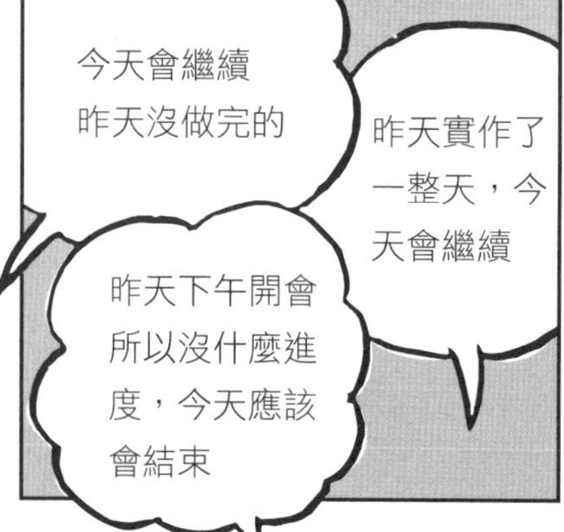

檢查是否哪裡有問題

一旦 Sprint 開始，基本上就是要完成在 Sprint 計劃會議中確定的任務。然而，即使在 Sprint 計劃會議中制定了看來可行的計劃，還是會擔心是否真能達成 Sprint 目標。在 Scrum 中，為了達成目標，開發團隊每天會聚集在一起 15 分鐘，進行名為每日 Scrum 會議（Daily Scrum）的事件。開發團隊每天只有一小段時間的聚會，為何這樣就能放心？下面來探討一下每日 Scrum 會議。

每日 Scrum 會議要如何進行？

每日 Scrum 會議每天舉行一次，同一時間、同一地點，在日本有時候叫做朝會，但不一定要在早上。參加的是開發團隊，至於 Scrum Master 可在必要或有要求時參加或主持，如果有其他人參與會議，必須注意不要干擾到會議進行。此外，許多 Scrum 團隊會像這樣站著進行。

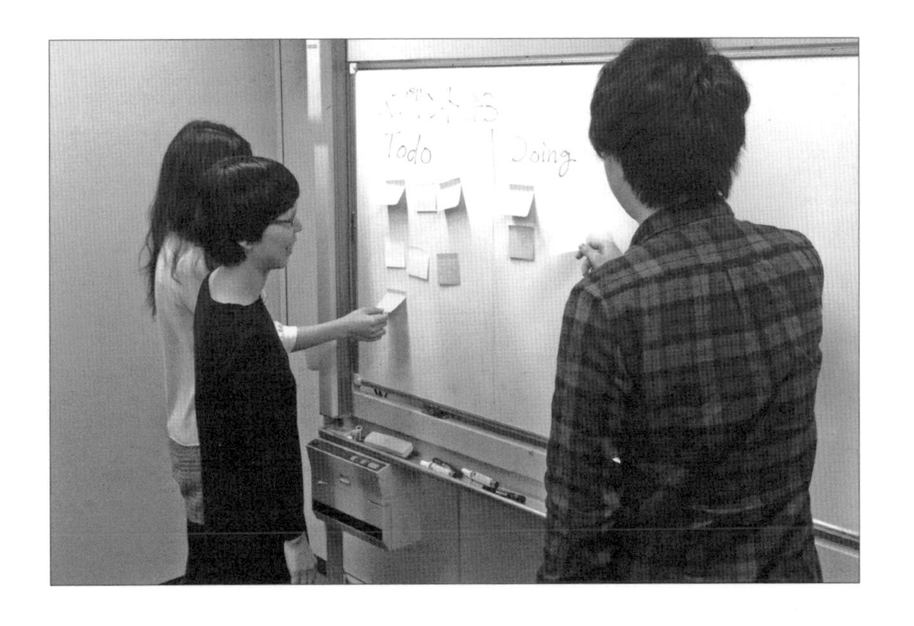

進行方式由開發團隊決定，可以用討論的形式進行，也可以讓每個人都回答以下問題。

- 為了達成 Sprint 目標，昨天做了什麼
- 為了達成 Sprint 目標，今天要做什麼
- 是否有什麼障礙或問題阻礙了 Sprint 目標的達成

每日 Scrum 會議可以幫助我們了解 Sprint 的狀態，如果開發團隊被產品負責人或其他人問到最新狀況時都能馬上回答，那麼每日 Scrum 會議就可以結束了。開發團隊應隨時準備好可以回答問題，如 Sprint 是否順利進行，或是昨天發生什麼問題等。

只要這麼做，Sprint 就可以順利進行嗎？

每日 Scrum 會議是一個檢查能否達成 Sprint 目標的事件。真正進行工作達成 Sprint 目標的，是開發團隊，為了更容易實現目標，應該在 Sprint 計劃會議中制定周詳的計劃。只要按照計劃進行，應該不會有什麼問題。不過不可避免地會有一些小問題，例如可能漏掉某些任務，或是以為任務很簡單但一直無法完成。

在 Sprint 這麼短的期間內，如果不多加注意，小問題也可能變成致命問題，但若能及早解決，就能達成 Sprint 目標。因此請記得每天都要檢查是否有什麼問題，並在必要時修正任務、重新規劃。在 Scrum 中，我們稱之為檢驗（inspection），這是非常重要的。

每天都要檢驗以確保 Sprint 目標能達成啊

有個好方法可以做到這點，就是每天聚會 15 分鐘。如果是長時間討論，會因為無法持續專注而看漏問題，Scrum Master 應該確保開發團隊遵守時間限制。

在每日 Scrum 會議就要開始之前，可以跟大家說「差不多是每日 Scrum 會議的時間了，先想一想要說什麼」。推薦使用計時器，可以知道剩餘時間。也可以事先更新任務估算，這樣更容易發現問題。如果最初估算是 3 小時，但做了以後認為還需要 8 小時，那這就是最新估算。在每日 Scrum 會議中說明，讓大家都知道哪裡發生問題。

有這麼容易就發現問題嗎？

但只有當每個人都理解其目的時，每日 Scrum 會議才能發揮作用。假設每日 Scrum 會議是用來向某個人報告進度的，只專注於報告就很難發現問題。

其實大家經常將每日 Scrum 會議當成對 Scrum Master 的進度報告會議，我們可以試著改善，譬如問「為什麼要對著我報告呢？」就能提醒大家會議的目的。而提出質問讓大家注意到問題，也很有效果，像是「這項工作大概還要多久會結束？」或是「Sprint 審閱會議準備得還順利嗎？」等類似問題。如果開發團隊答不出來，表示可能有什麼潛在的問題，就可以進一步討論要如何解決，做法也可以進一步細究，只要主題是關於如何達成 Sprint 目標，都可以調整做法以符合需求。如果都這麼做了，但結果還是變成對某人的進度報告會議，那麼就請該人士不要參加每日 Scrum 會議，讓開發團隊重新思考目的究竟為何。

如果不了解目的，
那就會變成單純的進度報告會議啊

如果在每日 Scrum 會議中發現問題，想要立刻處理，可以在會議之後讓必要的人留下一起討論對策，這樣就有個場合可以在必要時討論，而不用舉行常流於形式的定期會議，這樣也會有更多時間可專注於任務。

要注意不要因發現問題而在每日 Scrum 會議中花很長時間討論解法，這樣可能會分神而錯過其他問題。因為有 15 分鐘的時間限制，所以可以先點到為止，之後再討論。

很快就會著手解決問題，
只是不在每日 Scrum 會議中進行啊

只有實際作業的開發團隊知道達成 Sprint 目標需要哪些任務，而估算的也是開發團隊。

估算終究只是預估，所以要根據需求進行更新，我們也會確認預測的情形，找出是否有什麼問題。如果遇到問題，就要立即檢視 Sprint 其餘部分的進行方式或是採取對策，這樣就能實現 Sprint 目標，這些就是每日 Scrum 會議中要做的事。

每天同一時間同一地點開會的原因，是為了能立即處理問題。每天都要檢查自己的狀況，並立即處理所發現的問題，只要用這種方式努力實現 Sprint 目標，Sprint 就能順利進行。這樣日積月累下來，預測會變得越來越令人放心，不只是接下來的幾個 Sprint，還包括更遠的未來。

那麼，就來看看小僕和他的 Scrum 團隊如何檢驗 Sprint 是否有問題，以及是否有朝著 Sprint 目標邁進吧！

好的，今天也來講
那三個主題吧！
今天都在實作
今天還會繼續
沒遇到什麼問題……
還有大概多少？

還要多久會結束？下午要做什麼？
不知道早上會不會結束
下午還不知道要做什麼……

這也是一個問題
這就是遇到問題了！
你剛說別人也還沒完成對吧
待會兒來討論吧

這是**開發團隊的事件**，所以最終希望大家自己進行
啪嚓…
明天這個時間我有其他事，所以就交給大家了，有問題我會幫忙的

好～
不好意思，拜託了
其實沒有其他事情……

SCENE NO.

09

充分掌握狀況

這能及時完成嗎？

現在開發團隊也可以自己進行每日 Scrum 會議。
大家似乎已經習慣 Scrum 了，能這樣繼續順利進行嗎？

在成為問題前發現 !!

用 Scrum 進行開發很容易，儘早找出潛在的問題，並在成為大問題之前處理，這樣只需微調軌道。而在 Sprint 期間，為達成 Sprint 目標也是做一樣的事情。一旦成為問題就代表開發會受到某種程度的影響，而且可能為時已晚，所以我們希望在那之前找出來。然而，找出潛在問題比想像的難得多。在 Scrum 中很重視透明度，以便早點發現這樣的情況，讓我們思考一下何謂透明度。

要在成為問題前就先發現並處理啊

每個人都會嘗試一些可能會成為問題的事情。實際作業時，事情有時會不如預期順利，其實這可能也會成為一個問題。話雖如此，但大家都不太想在其他人面前表達工作不順利，而且其他人也可能認為自己的工作應該自己解決；但這項工作是為了 Scrum 團隊要實現的目標而進行的，也可能會影響到團隊每個人，特別是可能會成為問題時。Sprint 期間比想像的還短，所以即使是小事也不要放過，Scrum 團隊全員應該一起處理。如果發現得早，那就還是小事，可能給負責的同事一些建議就解決了。

**只要在每日 Scrum 會議及
各方面都注意到這點就行了嗎？**

要在 Sprint 中發現潛在問題的一個機會就是每日 Scrum 會議，在會議中儘早發現並處理。

然而，不同人對於潛在問題有不同的觀點和標準，很難要每個人都判斷所有事情，包括最近程式碼品質是否有變差，或是一直弄不懂研究的東西而花了超過預期的時間。但如果忽視了，就會耽誤到處理的時間。

這就是為何要有 Scrum 團隊。大家可以各自處理那些一目了然的事情，但對於難以發現的事情，就需要大家集思廣益。如果我們收集每個人各自注意到的事情，就能在問題形成前發現。

用 Scrum 來找到問題啊

當然，應該盡可能多進行這些檢查確認，但我們不可能要所有人都確認所有事情，也沒有足夠的時間去問每個人發生的事情及他們的意見，因此應該讓大家隨時都能自然地意識到這件事，其實這只要靠一些方法就能做到。

例如任務板（task board），經常用來確認 Sprint 是否順利。方法很簡單，只要把 Sprint 內所有產品待辦清單項目以及相關任務全部貼在開發團隊看得到的地方即可。為了更容易了解每項任務的狀況，會按照任務狀態貼在不同欄位，分別是尚未開始（ToDo），進行中（Doing），以及完成（Done）。如果發現新任務，可以放在尚未開始的欄位，當任務狀態發生變化時，就貼到新的位置，需要的只有便條紙跟白板，也有許多 Scrum 團隊以此作為 Sprint 待辦清單。做法很簡單，所以如果習慣了，也可以改用數位工具。

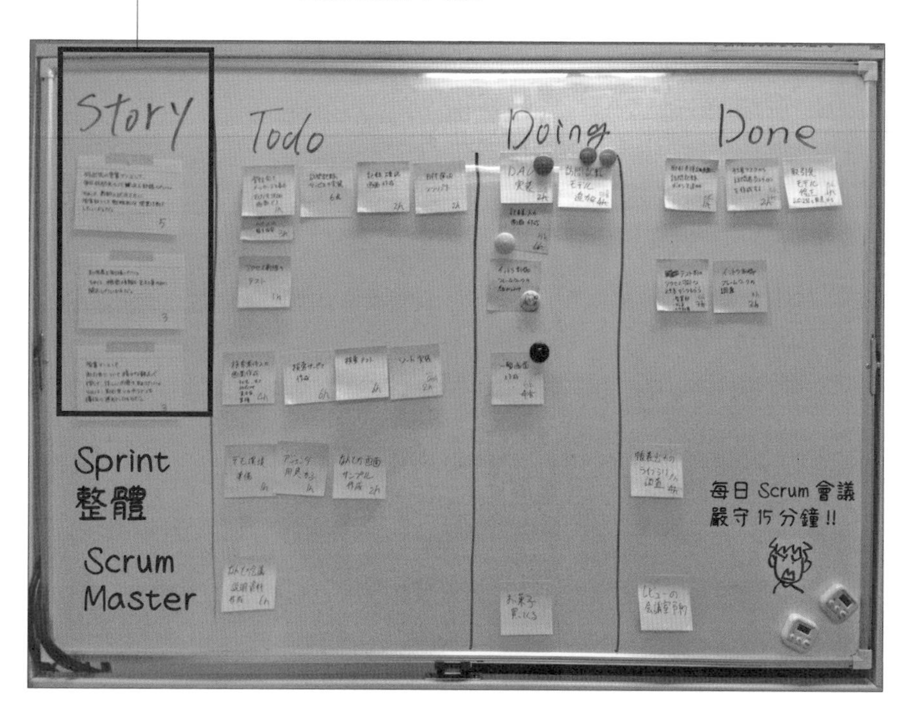

利用這種方式，可以一目了然地看出在 Sprint 內還有多少任務尚未開始，哪些任務還沒有進展。這還有改善的空間，別忘了要更新各項任務的最新估算。當開始處理任務時，可能會很快意識到有些問題，譬如跟想像的不一樣，而且可能會影響到 Sprint 目標的實現。另外還可以透過標記知道誰在做什麼任務，以及誰的任務量太大。如果有任務在進行中但一直沒什麼進展，很有可能是發生了一些不好的事。為了能更容易發現它們，也可以寫下項目留在該欄位的天數。

使用任務板就能掌握任務狀況了

用圖表之類的表示也很有效果，代表性的例子就是 Sprint 燃盡圖（Sprint Burndown Chart）。為了確認在 Sprint 中是否有良好進展，Sprint 的任務剩餘估算時間應該都要逐漸減少，直到最後結束時減少至 0，我們將其畫成圖。

折線圖的縱軸是任務估算時間總和，橫軸是 Sprint 的工作日，然後畫一條線，讓最後一天的估算總和為 0，這條線稱為理想線。之後在每天固定時間計算剩餘任務的總時間估算，記錄畫圖後再與理想線比較，了解進行得是否順利。

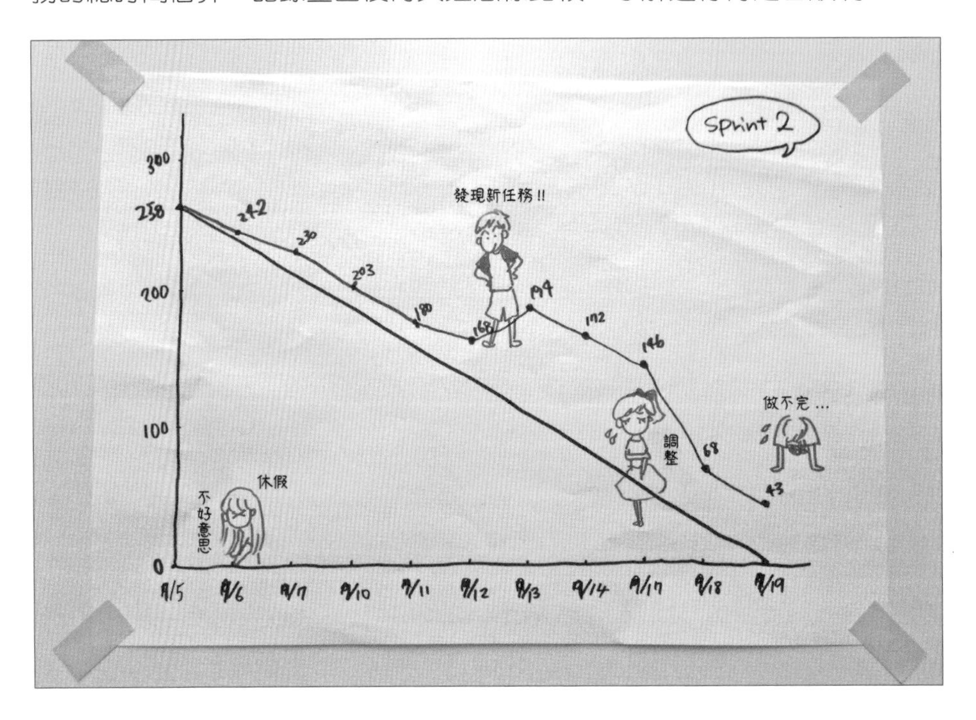

利用這種方式，可以將原本難以看到的東西變得越來越透明，這樣就能注意到那些阻礙 Sprint 目標達成的事情，可以更容易指出不順利之處，也更不容易發生問題。

不過如果都沒有人看，那特地畫出來也沒有什麼意義。如果不知道為何要這麼做，那就不會產生效果，所以要確保 Scrum 團隊了解為何要這麼做，以及想要確認什麼。

只是畫出來是不夠的呢

除了實現 Sprint 目標外，還有一些事情也是 Scrum 團隊會想確認的，譬如若有預期發布日，應該也會想知道目前是否進展順利吧，所以也可以畫一張發布燃盡圖（Release Burndown Chart），密切注意產品待辦清單還有多少未完成，也就是將未完成項目的估算總和畫成折線圖，就像 Sprint 燃盡圖那樣。另外，如果想知道產品負責人的工作是否順利，也可以把他的任務貼在任務板上。

當然，並不是全部都變透明就好了，如果都在進行提高透明度的活動，開發是不會有進展的，重點應該放在大家都覺得進展不順或是可能失敗的部分。實現透明度是值得努力的活動，只要一點巧思，就能輕鬆地使許多事情變得透明，就從讓 Scrum 團隊提出各種想法開始吧！

其他事情也都可以變透明啊

如果想安心繼續開發，就要知道哪些地方進展不順，雖然可能會想隱瞞不順之處，但這會造成更慢發現問題。如果能隨時看到，就能在變成大問題前發現。

如果有哪裡覺得不順的，可能就是 Scrum 團隊漏掉的地方，我們可以先從使其透明開始。

那麼，就來看看小僕和他的 Scrum 團隊是否能夠將狀況變透明吧！

好！這樣就更容易了解狀況了！

大張模造紙、筆、尺、計算機……

是在做什麼呢～
嘎嘎
需要幫忙嗎？
沒關係，謝謝～

大功告成！
這是什麼？
我來說明一下

To Do
DOING
DONE
首先，這是任務板
如此這般

To Do
DOING
DONE
有打勾的就我知道是 DONE 的
有些應該是還在做，就貼到 DOING

這是 Sprint
燃盡圖
如此這般
哦～
這樣很好懂！
只是…狀況不太好……
是啊……
該怎麼辦？跟PO 討論調整看看？
或是先觀察一下……
另外，這個圖也是開發團隊的，所以要自己更新哦
欸
這個嘛，由大家來決定
呼
…雖然想這麼說，但這次特別幫大家處理，大家就專心工作吧

SCENE NO. 10

弄清楚完成了什麼

快結束了!!

第一個 Sprint 就快要結束了，
那麼大家知道在 Sprint 結束時該做什麼嗎？

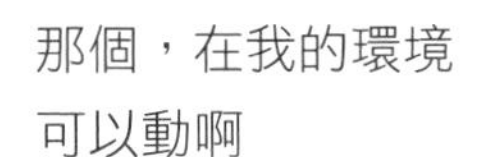

新主系統
按下登入，就會進入主選單畫面

咦？右上角出現 × 說……
現在正在修

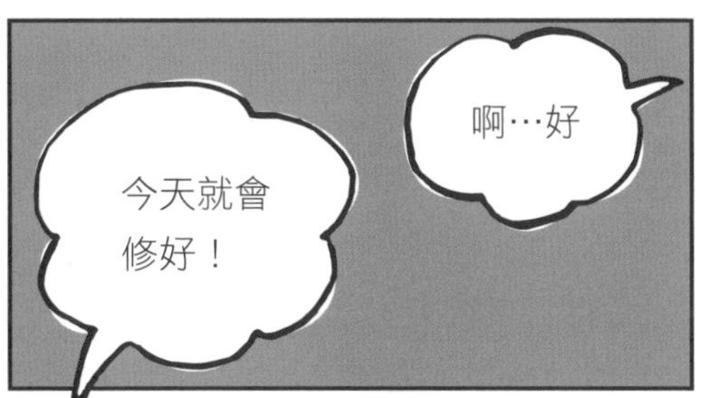
今天就會修好！
啊…好

點擊主選單的頁籤
噠噠…

糟糕！
ERROR
哦，應該沒問題，只是資料裡面有垃圾而已
待會兒修

就這樣
大家還好嗎？
還…還好，應該吧……
真的還好嗎…完全不清楚到底完成了哪些

確實完成，然後再繼續 !!

Sprint 以兩個事件作為結束：Sprint 審閱會議（Sprint Review）和 Sprint 回顧（Sprint Retrospective）。Sprint 審閱會議揭示了在這個 Sprint 完成了什麼以及之後會如何。而 Sprint 回顧則確認本次 Sprint 工作的進行方式，讓下一個 Sprint 能更順利。接下來，就來了解 Sprint 審閱會議吧！

要如何進行呢？

在 Sprint 審閱會議中，會從 Sprint 開始時確定的產品待辦清單中，列出已完成項目，並引出給今後的回饋。

進行方式如下：產品負責人說明哪些已完成，哪些未完成，然後開發團隊說明各自完成的項目並進行示範。接著大家針對內容提出問題並討論，討論的不只是產品待辦清單中完成的項目，也包括對未來預期的回饋，並將其反映在產品待辦清單中，確保未來的開發能朝著適當的方向進行。開發團隊也會討論 Sprint 中順利的地方、有問題之處、如何解決，彼此分享資訊，幫助 Scrum 團隊更了解現況。

參與的不僅是 Scrum 團隊，如有必要，產品負責人也應找來重要的利害關係人。要邀請的利害關係人是那些想了解如何實現的，以及需要討論未來預期的，這麼做可以帶來更多的回饋及合作。

為什麼要示範呢？

在 Sprint 之中會做出各種東西，除了軟體，也包括重要文件，例如在發布之後要移交給別人管理使用，就會需要操作手冊。不過就軟體的部分來說，當然必須是可用的。

即使對方報告說已按照要求正確做出軟體，也不能在看到正常運作前就全盤接受，這是因為言語是模糊的，表達方式和看法因人而異，所以最好的方式就是實際示範並親自確認成品。

但示範的真正目的是要接觸實際會動的成品，評估是否如預期運作，並獲得如何改善的回饋，例如可能開發了一項功能想簡化在外輸入日報的工作，但實際接觸成品後發現很難使用。這些都是未來的重要線索。

這些都只有實際執行軟體才能知道，千萬別用以畫面截圖作出來的報告替代，不會動的報告裡是看不出這些事情的，報告只是輔助而已。

示範非常重要，要先做好萬全準備。如果示範時不會動，那就沒人能給予回饋，這就是為何許多 Scrum 團隊將準備示範的工作列為其日常工作中重要的一環。

回饋很重要嗎？

進行 Sprint 審閱會議是為了改進產品，產品待辦清單中列出了我們覺得產品中需要的項目，例如，如果期望整個業務部門能夠有效率的進行業務活動，那麼產品應該提供在外查詢最新消息的功能。但還有許多其他方法可以滿足期望，如果只實作產品待辦清單上所寫的內容，是否能做出好產品呢？

我們寫在產品待辦清單中的內容，只是在當下假設對產品有益，我們還需要確定這些假設是正確的。要做到這點，最好的方式就是實際查看及觸摸產品，由此獲得回饋。如果沒有可以實際運作的軟體，就無法知道所做的東西是否會按預期使用，或者是否易於使用。而且在尚未實作的假設階段，我們也無法知道是否有提供真正需要的功能，只有透過示範並得到坦率的意見和回饋，事情才會變得清晰。

此外，Scrum 團隊所處的狀況也會因各種影響而時常變化，譬如目標市場變化、競爭產品動向、組織工作流程變動、人事異動等。而目前進行的 Sprint 狀況，也可能不如最初設想那般順利，在計劃中納入這些變化並調整方向，就能創造符合期望的好產品。

這就是為何需要回饋，因為可以從更廣闊的視野收集許多坦率的意見及想法，然後整理所收集的東西，並從中取捨選擇，反映在產品待辦清單中。有時可能會不得不做出困難的決斷，譬如無法滿足預期發布日，或是發現做出來的功能並不是必要的。為了順利得到這方面的合作，可以邀請重要的利害關係人一起參加 Sprint 審閱會議。

能示範的就可以了嗎？

在 Sprint 審閱會議中，以示範的模式告訴大家所完成的工作以得到回饋，是非常重要的。如果無法在大家面前順利示範，就得不到「看起來不錯」或「這裡令人有點擔心」之類的意見或疑問，只會被說要確實完成，所以請為示範做好萬全的準備。

但是，光準備好示範就真的沒問題了嗎？軟體的內部也是很重要的。外表雖然看起來沒問題，但如果程式碼品質很差，或是有影響到其他部分的臭蟲，那麼就無法達成預期，這樣也沒有意義。

當產品負責人和開發團隊看法不同時，就會發生這種情況。產品負責人可能會認為，只要產品能實際運作，就能馬上提供給使用者，但開發團隊可能還要修正一些細節，而且其中的認知更是因人而異，所以要先準備好如何判斷內部是否完成，例如這就是所謂完成的定義。

完成的定義

 **按照示範步驟運作。**

 **有 public 方法的測試程式碼。**

 **調查內容整理在 Wiki。**

 **最新規格整理在 Wiki。**

 **隨時都能從程式碼儲存庫（repository）抓到最新軟體，且是經過測試、可示範的。**

完成的定義就像一個檢查清單，工作項目如果要在 Sprint 審閱會議示範，首先必須滿足這些定義。例如，要寫多少測試程式碼，或是示範要部署到哪裡，這對開發團隊在思考其工作時，也是非常重要的資訊，完成的定義應該在 Sprint 開始前就準備好。

要如何決定完成的定義？

一開始產品負責人應該告訴大家想要在每個 Sprint 做到什麼，就像這樣「測試版與否並不重要，希望是能讓實際使用者碰觸的環境」，接著開發團隊討論該制定什麼標準。這是每個 Sprint 都會去達成的，所以制定團隊實力達不到的標準是沒有意義的。重要的是不要受外界壓力影響，而是制定與自身能力相符的標準。

最後，產品負責人決定這麼做是否妥當。這個定義在每個 Sprint 都應該要能達成，這樣制定是否可以？首先的問題是有可能達成嗎？不在定義裡面的事情，何時應該做？完成的定義會影響整個產品。

完成的定義必須得到 Scrum 團隊的一致同意啊

即使每次 Sprint 都有滿足完成的定義，並不代表實際上就能立即發布，例如可能會需要驗證安全性或性能，還可能需要文件，因此完成的定義可以與實際發布的品質標準分開考慮。有些團隊可以在每次 Sprint 都達成，有的則是每幾個 Sprint 可以達成一次，也有的是在較大發布時達成。在這種情況下，完成的定義很有用，一旦知道完成了什麼，就能清楚知道還剩什麼。例如若都還沒進行安全性方面的工作，就必須在發布之前完成。

當然，如果把這種工作延到之後才做，可能會吃到苦頭，重點是根據自己團隊的能力，在每次 Sprint 都要盡可能接近真正的發布。因此，我們應該積極改善完成的定義，可以在 Sprint 回顧中討論，如果還能做更多，就更新完成的定義。

先確定何為真正的完成是很重要的啊

在 Sprint 審閱會議中，會展示所完成的工作，並由此得到回饋，為了收集建設性的意見回饋，必須清楚知道完成了什麼，因此，應該從兩個角度弄清楚何謂真正完成。第一個是開發團隊的觀點，這可以透過完成的定義來釐清。

另一個則是產品負責人的觀點，判斷標準是產品待辦清單項目中所寫的內容，是否已按照預期實作。為此，在 Sprint 計劃時，需要決定將進行項目的示範步驟及驗收標準。有時看了實際會動的成果後，會浮現新的想法，不想認定為已完成，但如果已經實作了 Sprint 計劃中的事情，那麼就算是完成了。我們將利用這些意見回饋來幫助我們思考未來。

從這兩個角度來看都完成的，才是真的完成；只完成其中之一，都視為還沒開始的項目。這樣似乎很嚴格，但如果是以未完成的項目為基礎，就無法根據回饋進行之後的討論。首先釐清何為真正的完成，然後逐漸累積，同時開發也會緩慢但確實地向前，有了這個基礎，就可以專注於改善產品。

然後越早進行完成的確認越好。要在 Sprint 審閱會議前滿足完成的定義，還要準備示範，在尚未習慣 Scrum 前，這樣可能就已經需要竭盡全力了。但 Sprint 審閱會議是為了展示完成的工作，並獲得回饋，在 Sprint 審閱會議先釐清何謂完成，就能更專注於獲得回饋以及討論未來。

那麼，就來看看小僕和他的 Scrum 團隊是否能清楚說明完成了什麼吧！

嘿～！
大家集合！

你們說已經完成了是根據什麼基準呢？
在 Sprint 計劃會議時有講過的
……

當然！
Scrum
團隊都要！
咦，我也要嗎？

我們來好好決定什麼是 OK 的、什麼是 NG 的
首先，無法遵照示範步驟的就是 NG
真假!?
好嚴格!!
這樣這次演練的內容豈不是都 NG ？
也是
應該沒問題！
不知道能不能順利結束應該比較可怕，對吧？

還有，即使是OK，我們也得決定到哪裡為止算是OK的
是指根據什麼判斷是否已經完成嗎？
是的

在一週內做出能動的東西，那麼能做到什麼程度？

是啊～
大概可以放到示範用環境……
嗯嗯
可能可以做到測試自動化吧
可以測完正常情境吧～

• 示範環境可以動
• 測
已經有幾條了，這符合大家的理解嗎？

可以把這當作完成的定義嗎？
好～ !!

SCENE NO. 11

讓預測未來更容易

如果能再多一天……

Scrum 團隊似乎已經習慣了透明。
啊，看來趕不上審閱會議了……怎麼辦？

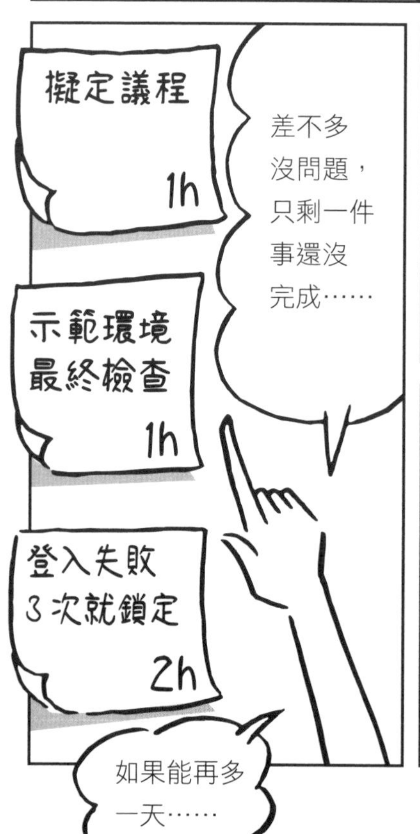

時間盒不容退讓 !!

在 Scrum 中，每個事件都設有時間盒（timebox），剛開始接觸 Scrum 的話，請從遵守時間盒開始。

- Sprint 期間在 1 個月以內
- 每日 Scrum 會議在 15 分鐘以內
- Sprint 計劃會議最長 8 小時（Sprint 期間為 1 個月時）
- Sprint 審閱會議最長 4 小時（Sprint 期間為 1 個月時）
- Sprint 回顧最長 3 小時（Sprint 期間為 1 個月時）

時間盒的想法很簡單：設定一個時間限制，並在時間內進行必要工作，沒完成的部分就移到下一個時間盒，這個概念正好與「完成所有必要事項需要多少時間」相反。例如在 Sprint 期間沒有完成的工作，期限到的時候可以先中斷，中斷的項目會重新考慮是否在下個 Sprint 再進行。

為什麼不能就把 Sprint 延長一天呢？

Sprint 正是時間盒的典型例子，我們將 Sprint 的期間維持固定，這樣就能用來測量實際走了多遠，這麼做就能預測至少要多少 Sprint 才能完成產品待辦清單中非得完成的項目。如果該項目總估算為 10 點，每個 Sprint 可以完成 3 點，那麼就需要 4 個 Sprint；反之，如果因為期間限制而固定了 Sprint 次數，就能知道最多能完成多少點的工作。對未來進行具體預測時，時間盒是不可或缺的。

因此，Sprint 的期間必須是固定的，一旦決定了期間是一週，就要堅持下去。即使想在 Sprint 內實作的項目做不完，但 Sprint 最後一天就是要結束，不再延期。

如果我們把 Sprint 延長一天，就無法與其他 Sprint 比較，也就是說無法用這些結果來進行預測。有些人可能認為不過就是一天，但延長需要冒著未來預測失準的風險（例如發布日期或時程），請想想帶來的好處是否值得我們這麼做。

原來如此，時間盒是用來預測的啊

那麼 Sprint 期間該設多長呢？ Sprint 的期間越短越好，因為產品負責人可以更頻繁地修正計劃以及檢查成品。此外，如果 Sprint 期間較短，也較能經常處理周邊的狀況，所以建議從一週的 Sprint 開始。你可能會覺得一週太短太匆忙，做不了什麼事，但工作也比較少，使得計劃和實際工作都變得比較簡單。當然，一週也不見得就一定都很好，由於某些原因，例如使用的技術或所處理系統的難易度，一週的期間不見得能進行得很順利。如果發現最初設定的期間不適合團隊，可以試著改變 Sprint 期間，不過因為會影響對未來的預測，所以不要一直變來變去，但如果想只改這次的 Sprint，則是嚴格禁止的。

Sprint 期間越短越好啊

那麼其他時間盒又是為了什麼呢？每日 Scrum 會議如果無法在 15 分鐘內結束，似乎不會造成什麼問題，但其實從時間盒就可以知道 Scrum 團隊的實力。

如果每日 Scrum 會議沒有在 15 分鐘內結束，會發生什麼事？可能會因時間太長所以中途就感到疲累、無聊，也失去了這個事件的作用——往 Sprint 目標前進時，檢查是否有任何問題。另外，如果 Sprint 計劃需要花費好幾天，很可能正在計劃的內容是超過 Scrum 團隊能力的。也許這是因為在開發過程中，缺乏對 Scrum 事件的理解。

換句話說，無法遵守時間盒正是 Scrum 團隊尚不成熟的表現，而且它還可以指出在 Scrum 中開發要順利進展所需處理的要點，所以時間盒不應延長，以免失去這種機會。

原來可以用時間盒來衡量
Scrum 團隊的實力啊

那麼該如何才能更容易遵守時間盒呢？或許只是我們準備稍微不足。例如，如果沒有信心能在時間內結束每日 Scrum 會議，那就提前準備好要說的話。

最重要的是將要處理的事情變小。審視很久之後的計劃以及考慮很久之後的風險，是很困難的，如果無法一次處理，就分成小塊來處理。如果詳細計劃未來的事項太難，那就只計劃適合 Sprint 期間的內容即可，風險也是考慮一天之內的就行。這就是時間盒的作用：處理項目越小，就能更具體掌握，也就更能確實完成，這樣就能確保開發著實前進。

如果強行塞入本來放不進時間盒的項目，開發進展也不如預期，結果就是威脅到預期目標的達成。為了避免此情況，請將工作量抓在自己團隊能處理的範圍之內。

能放得進時間盒內是很重要的啊

遵守時間盒是很重要的，它還能幫助預測未來以及衡量 Scrum 團隊的實力，而這些積累都有助於確保未來的發展能順利進行。

Scrum 中預先制定的事項並非絕對，所以調整方式以符合需求也很重要，例如某些 Scrum 團隊可能會認為，在 Sprint 計劃會議花很多時間仔細規劃能使工作更容易，所以他們可能會修改時間盒，但前提是，要能堅持所設定的時間盒。

有了時間盒，Scrum 團隊就能逐漸成長，如果發生無法遵守的情形，就能從中發現準備不足之處，並思考這個事件目的是什麼。Scrum 團隊這樣逐漸累積經驗，就會越來越強大，所以不要改變時間盒，不然就會失去這個機會。

那麼，就來看看小僕和他的 Scrum 團隊是否能遵守時間盒吧！

SCENE NO.
11

真難開口
不行了…
啊

就算這樣，審閱會議還是……
TO DO
DOING
DONE
要開！

報告有哪裡沒做好也是很重要的
加…加油
氣氛凝重~~
好難過~~~
走吧！
ぐっ
重要的是，要思考下次如何做得更好
汲取這次經驗，以後一定可以做得更好

這比排練時好多了，準備得很好！

以上，報告完了
咦？最後的示範呢？
啪啪啪
欸……

來不及做完
本來雖然有點期待，但也想說計劃是不是不太可行
可以期待下次會做得更好嗎？

啊，當然，應該會
敬請期待！
等一下 !!

真的有可能做到嗎？
會不會在發布之前每天都要像昨天那樣加班？
的確…目前還沒習慣短週期
在習慣之前，應該最多就是這個步調！

唔…那這個什麼時候會發布
閃亮～
哎呀

這是最新的發布預測
可能需要調整一下，不過目前還可以！

啊，真是令人安心
下次我會盡量請業務部長也來參加
瞬間被小君嚇到
能了解真是太好了

一步一步向前邁進

我們也可以逐步改善回顧檢討本身。

你有沒有遇過這樣的情況：你的團隊正面臨一個重大問題，檢視過程中遇到「不知道該怎麼做才好」時，就腦袋一片空白，說不出意見？這可能是因為你在檢視時覺得「一切都必須順利進行」而感到過大的壓力。

要在一次的回顧檢視中解決所有問題是很困難的，解決問題的行動如果沒有之前的經驗，往往不會成功。是的，要乾淨俐落地解決問題本身就存在著不確定性，所以這個領域也可以使用敏捷思維。

如果你打算 100% 消除問題，可能很難有什麼點子，但如果想法是「即使只解決 1% 也行」的話，就會有各種點子。在回顧檢討時，可以思考一些改善這 1% 的方式。即使問題太大、看不到解法，但如果試著進行看看，也許就能知道如何著手。回顧檢討的動作也是「先小試看看」，然後就可以在下次檢討時，根據前一次行動的結果，思考下一步行動。

在考慮採取行動時，如果能意識到 SMART，會更有效果。SMART 是下面幾項的首字母縮寫，可以用來幫助具體化你的想法。

- Specific（具體的）
- Measurable（可測量的）
- Achievable（可達成的）
- Relevant（與問題相關）
- Timely/Time-bounded（馬上就能進行 / 時間限制）

一旦有了可改善 1% 的 SMART 行動，別忘了將其納入下次 Sprint，採取行動之後無論成功與否，都會有新的認識。

一點一點、一步一步地往前進，請在實踐回顧檢討的同時，意識到這一點。

（森 一樹）

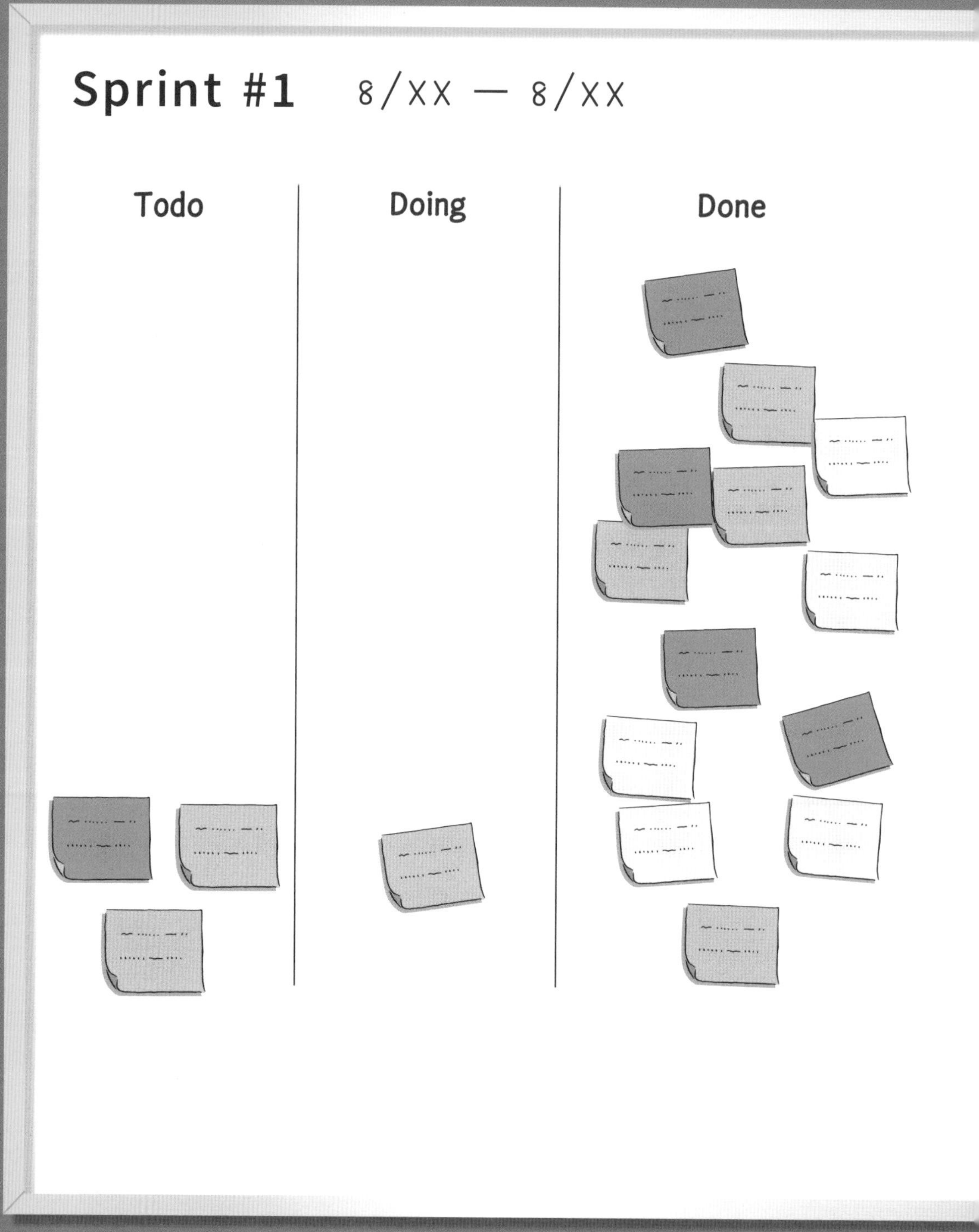

Sprint #1 8/XX — 8/XX

Todo | Doing | Done

【Scrum Master 的筆記】

終於知道如何進行 Scrum 的事件了，雖然沒完成所有 Sprint 中的預定事項，但應該能確保透明度了。
希望一切進展順利⋯⋯

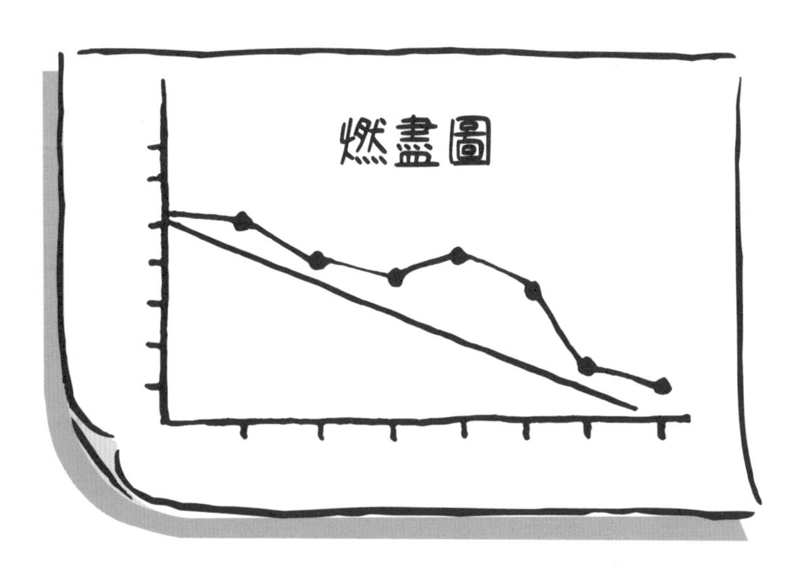
燃盡圖

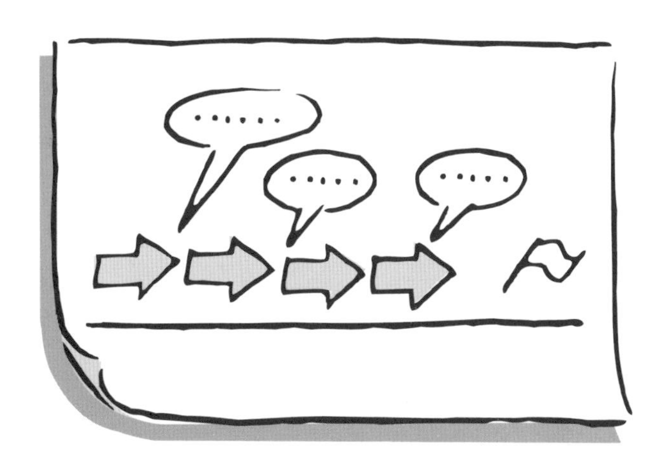

SCENE NO. 12

釐清下一步要做什麼

稍微提早結束了!!

上個 Sprint 按照計劃順利進行，
這個 Sprint 也比預期順利，可以安心了嗎 !?

大家都知道接下來要做什麼

在 Scrum 中是遵循產品待辦清單來進行開發的，在開發過程中，當然會遇到各種情況。如果產品待辦清單的項目不適合放入 Sprint，或是 Sprint 預定的項目提前完成，該怎麼處理？還有，如果在 Sprint 審閱會議有新發現，又該如何處理？這些都以產品待辦清單處理，下面就來思考該如何進行。

這次提早結束，
有點煩惱⋯⋯

如果 Sprint 的預定事項都完成了，可以考慮平常不太會做的重構（refactoring），或是補強自動測試。如果想繼續進行開發，也很容易從產品待辦清單中看到接下來要做什麼，就繼續之後的項目即可。開發團隊會詢問產品負責人「已經提前完成了，所以會開始下一個項目。這裡的規格這樣可以嗎？」

產品待辦清單裡面的事項按照順序排列，優先實作的會排在上面，當完成 Sprint 計劃中的項目時，可以按照順序接著做之後的項目。如果知道接下來要做什麼，產品負責人跟開發團隊也會知道該準備哪個項目並進行必要研究。但若順序不對，那麼要做下一個項目時，就得先確認應該優先實作何者。

產品待辦清單的順序對於工作順利進行也很重要，如果有定期修正順序，那麼只要看產品待辦清單就能知道接下來要進行的項目。

要時常回顧並修正產品待辦清單啊

還要確保能快速更改產品待辦清單的項目順序，例如在 Sprint 計劃會議中，「這個項目有點大，無法在這個 Sprint 完成，還是先進行下面比較小的項目？」像這樣彈性調整。但別太擔心下面還很遠的項目順序，因為產品待辦清單會因 Sprint 審閱會議的回饋而更新，順序也會因而變化。在訂定順序時，只需要注意接下來幾次 Sprint 內做得了的量即可。只要別漏了想優先實作的幾個項目，順序可以不用非常嚴密。

馬上要做的項目的順序是最重要的啊

如果你認為還能再做 2 點，但卻沒有可以輕易補上的項目，該怎麼辦？此時可以從接下來要進行的項目中，拿出 2 點份量的工作先做。許多 Scrum 團隊會適時拆分產品待辦清單的項目，調整要著手的項目。

當然拆分時也要小心。例如，不要因為容易拆分所以就只有建立畫面，在 Sprint 審閱會議時，應該要可以看到實際會動、能得到回饋的東西。

例如，「外出時想知道客戶的資訊」這條，要求是「在筆記型電腦跟智慧型手機上都能看到資訊」，這個項目可以不用一次做完，拆分方式是將給筆記型電腦以及給智慧型手機查看的功能分開，而且可以從手機的查看功能先著手，因為在外經常會用到。如果先嘗試建立可給手機看的東西，就能學到很多事情，譬如在外使用時怎樣才好用。拆分時像上面這樣，要先考慮想優先實作何者，開發團隊對產品待辦清單每個項目了解越多，就更知道如何進行調整及拆分，開發時也會更加順利。

拆分之後，開發團隊可以寫在產品待辦清單嗎？

這些項目經過拆分和調整之後，應該由開發團隊負責寫至產品待辦清單，當然，跟 Scrum 團隊一起確認是很重要的，開發團隊跟產品負責人說一聲即可。

那麼，除了調整著手的項目之外，如果開發團隊想在清單中追加項目，此時該怎麼辦呢？例如需要時間建構正式環境，所以想追加項目。其實任何人都可以在產品待辦清單中追加項目，即使是 Scrum 團隊以外的人也可以。

我們必須盡可能收集需求，了解想在此次開發中實作的東西，以及有哪些可以改善的東西，也可以追加需要花費一定時間的工作到清單中。產品待辦清單上，應該記載所有需要完成的事項，否則 Scrum 團隊還要煩惱除了這份清單外，是否還需要去看其他地方。

如果誰都能寫，難道不會很混亂嗎？

各種東西加進去之後，就得決定是否真的要實作這些項目了，而這就是產品待辦清單之所以要有順序的原因，頂部的項目就是判斷最近要實作的，而底部的則是判斷有餘力才實作或是不會實作的。最終決定此順序並負責的是產品負責人，他會決定哪些項目是真的需要開發團隊花時間來實作的。

決定順序是
產品負責人的重要工作啊

這些判斷每天都在進行，所以不用顧慮是否該追加項目到清單中，只要對 Scrum 團隊達成目標很重要，都請持續追加。當然還要另外考慮何時著手進行，所以先放在清單的底部。我們也讓 Scrum 團隊去思考，為何這些新增的項目很重要，這也是大家了解新觀點的重要機會。

例如，即使已確定了開發期間，而且也已接近產品發布時間，還是應該進行產品待辦清單的追加。你可能會認為加了也沒用，但重點是要有這個觀念。即使已接近發布時間，一些小事可能也會帶來很大的成果，工作時意識到這點會產生積極的影響。如果因為快結束開發了而偷工減料，就不會帶來好結果，這在下次的開發一定也會發揮作用。

其實產品待辦清單也不會完全清空，不管開發是會繼續還是結束，Scrum 的原動力都是盡可能逐漸改善。如果都沒人對產品待辦清單追加項目，就是個不好的跡象。

頻繁的追加跟修正，
似乎很麻煩呢

產品待辦清單會持續追加及修正排序，直到不再需要繼續開發，有時也會刪除不需要的東西。我們會將列表保持在簡單的狀態，這樣就可以輕鬆地經常修改。

你可能會想說，或許用五分制來評估想實作的程度會更易懂，但這樣會造成不知道接下來要做什麼，也不知道該調整哪些項目。單純用順序則很容易看出什麼比較重要，不但容易變更，大家也都知道接下來要做什麼。實際上，許多 Scrum 團隊都會用一些方式，讓產品待辦清單能更容易頻繁變更，例如常見的方式，就是用便條紙或明信片大小的紙卡等非數位工具來製作產品待辦清單，隨時都可以寫字並重新排序，不需要的項目就丟掉即可。除了非數位工具之外，也很常用試算表或 GitHub 的專案看板（project board），不但容易建立簡潔列表，也很容易讓 Scrum 團隊以外的人追加。

要讓產品待辦清單
可以輕易頻繁更新啊

產品待辦清單只是一個列表，要做的事情很單純，就是追加或是重新排序，然後 Scrum 團隊根據這份清單進行開發。對 Scrum 團隊來說，這是一份非常重要的列表，所以要注意，確保大家都有在看。Scrum 團隊還會寫下為了達成目標所需要的任何項目，並思考如何改善已實作的項目。你可能會認為這個太難了應該做不到，但這些就是每天都需要做的事情，想要早點上手，就要盡可能練習，多追加和重新排序幾次。

那麼，就來看看小僕和他的 Scrum 團隊如何根據產品待辦清單進行開發吧！

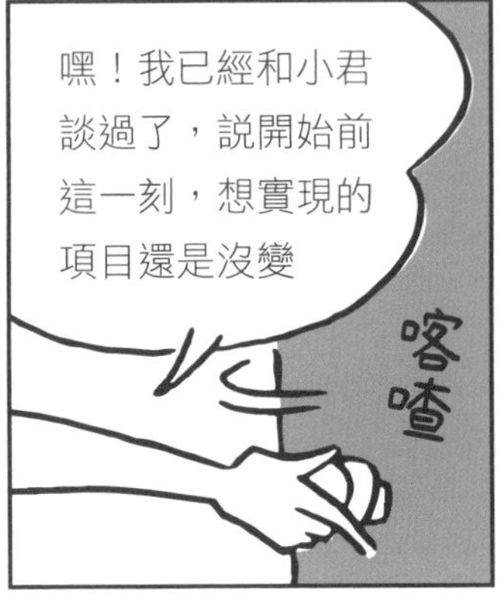
嘿！我已經和小君談過了，說開始前這一刻，想實現的項目還是沒變
喀喳

哦，然後呢？
哪裡有寫該做的事情呢？
那放假呢？

這是產品待辦清單吧
是的
下一個要做什麼？
這是現在正在做的東西的下一個項目吧
是的
那該怎麼做呢？

嗯，在想是不是要開始做下面的呢
為什麼呢？
不知道之後會如何，所以想說盡可能多做……
的確
第一次 Sprint 的速率是 0 呢

好，那現在知道再來要做什麼了，就盡可能往前進吧
哦——！

用發布樂高具體看到「累積的成就」！

這裡介紹一個方式讓大家可以樂在持續發布，就是「發布樂高」！

在 Scrum 這樣的敏捷開發中，產品發布不是目標，而是一個開始，「發布」這個活動會重複多次，重點在於「累積」。市場變化、複雜要求、新的技術、成員更替……面對各種困難，我們還是要持續發布。

不過「累積」可能很難看出來。從細微變化到主要功能追加，產品待辦清單每天都會加入新的需求，對某些成員來說就像是沒有終點的馬拉松。此時何不試著將發布的「累積」給具體化呢？我的團隊每次在發布的時候，都會組樂高積木，樂高裡面也有附上組裝步驟說明書。每進行一次發布，就會在樂高組裝上前進一步，也就是說當團隊達成某些成就，樂高也會隨之成長，不斷成長的樂高能賦予團隊自信和勇氣。如果是在每日 Scrum 會議之後組裝，就是個小小的儀式。

「已經開始成形了」、「下次發布時什麼時候？」、「只要做完○○和△△就可以發布新功能了！」

請嘗試引入這種機制，讓發布更有樂趣。無論是修復讓使用者困擾的臭蟲，或是刪除用不到的功能，都是讓團隊和產品成長的來源。發布的時候，可以請大家鼓掌，也推薦去吃頓比較好的午餐，特別是當樂高完成時！

（須藤 昂司）

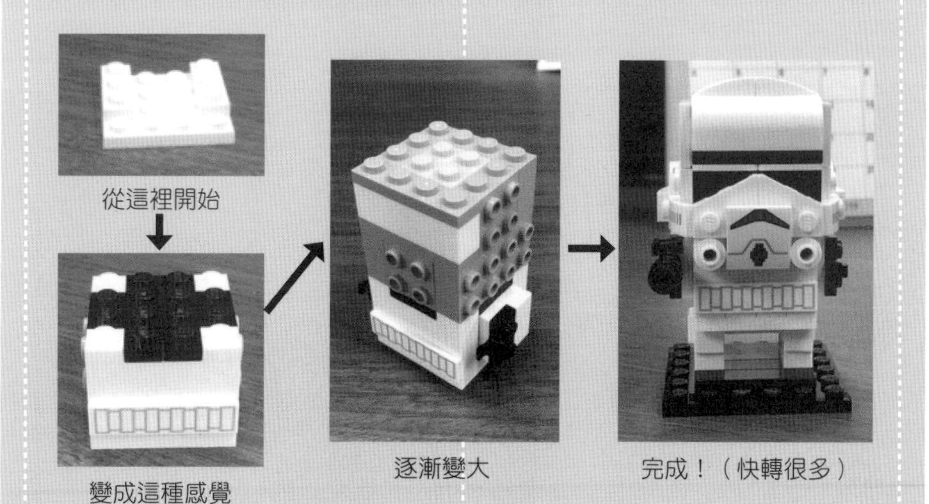

SCENE NO. 13

敦促大家自律

雖然沒有全員到齊⋯⋯

看來大家終於習慣了，他們稱小君為 PO，
且速率也提升了，這次應該沒問題吧？

靠我們自己來守護!!

在 Scrum 中，如果要實現的目標有任何變化，或當風險顯現而得處理時，要確保能夠迅速改變路線。當然，改變路線並不代表可以隨意進行開發，Scrum 團隊要一起控制前進方式，並朝著要實現的目標前進，其機制就是 Scrum 事件。提供頻繁確認和處理機會，能幫助我們在改變路線時仍能順利前進，但在 Scrum 事件中，我們又能把確認和處理做得多好呢？而且，真的只靠 Scrum 事件就可以了嗎？下面考慮這個問題。

一定要認真進行
Scrum 事件嗎？

首先，在開發過程中經常確認和處理這些問題，是很費勁、麻煩的事情，因此事件必須真的有效果，否則無法順利進行下去。Scrum 事件之所以如此簡單，就是為了能頻繁舉行。

其實 Scrum 事件只關心最低限度的應做事項，因此光只靠 Scrum 事件有時可能不夠。光靠 Scrum 事件處理不來的部分，就得在日常工作中處理，不然無法在前進時保持彈性調整路線的空間。但如果要為所有不足之處制定規則，那會非常龐大，這樣的東西沒人會去遵守，而且也不可能涵蓋所有實際開發時會遇到的事情。

在 Scrum 中，只將必定要遵守的事項透過 Scrum 事件的方式定義，其他都以各角色職責的形式來定義，並以此來傳達對 Scrum 團隊的要求，如果無法做到這一點，Scrum 就不會有效果。

我沒有好好進行每日 Scrum 會議……

Scrum 團隊應該知道對他們的期望是什麼，每個 Scrum 事件都有各自的目的，如果不知道目的，大家不會把事情做好。例如 Sprint 計劃會議是為了建立近期的可靠計劃，而每日 Scrum 會議則是確保實現目標的路上沒有障礙。

起初可能沒有任何人真正理解這些目標，所以才會在 Scrum 設有一位導師，就是 Scrum Master。Scrum Master 應該堅持不懈地教導，直到大家都能理解目的，不僅針對 Scrum 事件，也包括每個角色的目的。

但目的已經傳達了，而且都很順利……

但不要因為知道了目的就覺得可以安心，困難的部分在於持續遵守或滿足這些要求。不管是發展順利而較放鬆時，或者發展不順處於困境時，我們是否都能堅持下去？所以才需要 Scrum Master。如果有人無法遵守，就需要向其傳達這個想法。

還有重點是要採取一些方式，讓大家更容易遵守，這就是 Scrum 團隊的規則。由我們自己來制定規則，以遵守對自己的要求，大家會一起討論和決定。雖說是規則，其實也沒什麼大不了，例如要求開發團隊應該維持 Sprint 順利進行，因此如果遇到任何問題應該立即解決，不用等到每日 Scrum 會議。為確保開發團隊每位成員都能確實採取這種行動，應該要有一條規則：如果煩惱超過 15 分鐘，應該找人商量。另外，每日 Scrum 會議也應該更新、同步大家的狀態，以確保進行順利。因此如果能預先決定全員集合的時間和地點，明天開始就能全員到齊進行每日 Scrum 會議。這就是我們所謂的規則，譬如像下面這樣。

我們的規則

✓ 每日 Scrum 會議是 11 點，
在任務板前進行！

✓ 重要資訊先寫下來！

✓ 如果每日 Scrum 會議有人沒來，
傍晚會追加一場會議進行報告！

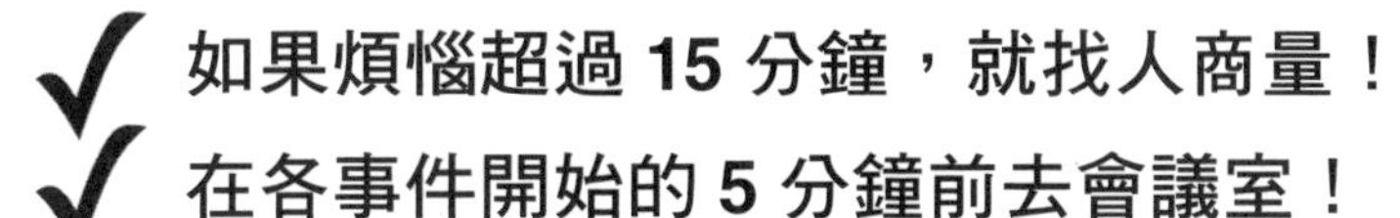

✓ 如果煩惱超過 15 分鐘，就找人商量！

✓ 在各事件開始的 5 分鐘前去會議室！

規則可以貼在大家都看得到的地方，大家會更容易遵循。這些規則都不是強制性的，但正因為不是他人決定而是自己制定的，所以更應該要有遵守的責任感。比起那些詳盡但沒人遵守的規則，這些規則所寫的才更值得我們重視。

我們也希望透過自己制定規則來鼓勵 Scrum 團隊思考自己的責任，並採取積極的態度。例如有些 Scrum 團隊的規則是，如果違規就要買點心給大家，而這種方式也為工作增添了一些樂趣。

如果某條規則沒有被遵守，最好回想該規則制定的原因，必要時進行修改。透過一次又一次的體會，Scrum 團隊可以更了解對他們的要求。

不了解自己的職責就無法順利進行啊

如果進行 Scrum 事件時徒具形式，那 Scrum 是不會成功的。各個 Scrum 事件和角色的目的是什麼？還有，該要做什麼？與整個 Scrum 團隊一起思考這些事情，就可以回應對我們的期望。

還有，不會有其他人幫我們制定紀律以遵守規則，我們必須自己思考。我們遵守自己制定的紀律行動，做不到的時候就要再三思考需要該紀律的原因，能做到這點的，就是有良好自律能力的 Scrum 團隊。其實這並沒有那麼難，只要你反覆思考，自然就會得到這樣的能力。

那麼，就來看看小僕和他的 Scrum 團隊是否能滿足大家的期望吧！

嗯…每日 Scrum 會議如果沒辦法全員到齊就沒意義了
沒注意到有些任務花的時間比預期的長
所以我們才只能慢慢消化工作啊
來觀察一下團隊好了……

今天有件事想問大家
……………
就是因為以上這樣
TO DO

所以讓我們花點時間討論一下吧

總覺得不是很順利
確實，可能比較放鬆了
我有參加公司的新人讀書會，最近改成早上了
對啊～
說吧……
欸，竟然有這件事！

啊不過讀書會不去
也還好
雖然內容有跟
這次開發相關
的技術
不行不行！
那個還是去
參加比較好

如果大家都同意
的話，我們就把
每日 Scrum 會
議延後一些如
何？
如果真的還是
不能參加，最
晚前一天要先
寫在白板上，
這樣呢？
還有，中午的
時候可以快速
確認一下遇到
困難的地方？
好哦
好耶！
好主意！
很好！那我就寫在白板上，
先請大家遵守囉？
麻煩了！
好的！

如何讓回顧檢討更有趣

這裡要介紹一些技巧，可以讓回顧檢討更有趣！

回顧檢討是一項非常正面積極的活動，可以重新審視團隊的活動，並且加速邁向未來。因此重點是要營造一種氛圍，讓大家容易提出積極的想法，以及表達自己的擔憂。何不試試看用更有趣的方式來進行回顧檢討呢？如果你的團隊在回顧檢討時，感覺像是反省大會，那麼請注意以下兩件事。

1. 準備一些零食

在吃零食時，要批評或否認對方是非常困難的。一邊吃零食一邊進行，可以幫助大家在放鬆狀態下交換意見。當你放鬆的時候，會產生更多想法，更容易想到有趣的點子。有人喜歡甜的，有人喜歡鹹的，可以事先做個調查，或是大家一起去採買也不錯。這個方式一定會讓回顧檢討成為一個「特別的場合」，豐富團隊的活動。

2. 找到做得好的地方，即使再小也可以

人總是會無意識地尋找問題和缺點。在敏捷開發和 Scrum 中，找到「順利的事情」並與團隊一起改進，跟發現問題一樣或更重要。如果找不到自己的優點，就說說團隊成員的優點，這樣不僅會改善團隊關係，也會使團隊更加積極，願意接受新的挑戰。

只要稍微使用這些技巧，就能把回顧檢討變得有趣又有效，請務必試試各種方式。

（森 一樹）

SCENE NO. 14

提高速率

不能做得更快嗎!?

大家的行動似乎都更自律了，
後來某天被部長叫去，有種不好的預感……。

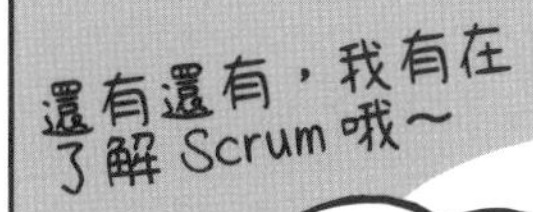
還有還有，我有在了解 Scrum 哦～
那個速率啊，最近上升很快不是嗎？應該還能立刻再上升 10 點吧？

這樣不就可以提早一個月完成了嗎？
這些我都知道

要的話可以再加2、3個人也沒關係哦
欸
那就說定囉？
單純計算起來是這樣沒錯……

經費的話，業務部長說會負責
不不！請等一下！！

請讓我想一下，下午再回覆可以嗎？
啊！好有魄力
嗯好，那就下午吧

真是麻煩啊
直覺告訴我這樣很糟糕……

不要被速率迷惑!!

在 Scrum 中，會測量在一個 Sprint 內實作了多少東西，並預測未來的情形，測量得到的結果就是速率。如果知道完成事情的節奏有多快，就能大概知道何時會準備好發布。但如果其他人對發布有一個期待的日期，而你發現似乎無法趕上，該怎麼辦呢？要提高速率追趕嗎？來考慮一下這個問題。

應該可以嘗試提高速率吧？

速率其實有兩種：好的跟壞的。速率對於思考未來的情況可說是至關重要，根據速率可以知道還能實作多少項目。但如果每次 Sprint 的速率都不一樣，這樣靠速率也無法知道未來的情況。例如假設上次 Sprint 有 20 點，這次是 3 點，這樣就無助於思考未來的情況，速率需要的是穩定性。

人們喜歡的是穩定的速率，不僅是因為能看出未來的情況，也因為穩定的速率是一個優秀 Scrum 團隊的特徵。產品待辦清單的項目估算多少會有誤差，也總是有很多麻煩，但因為可以好好處理，所以速率很穩定。換句話說，這證明了 Scrum 團隊的工作進展順利。

總覺得提升速率就好了……

不穩定的速率無法用於預測，即使速率持續上升也一樣。也許在下次 Sprint 就不會上升，反而急速下降了，如果速率會讓你煩惱如何預測未來，那就不行。

Scrum 團隊可能希望保持速率穩定，但其他人則可能希望提高速率，但請不要聽他們的。如果專注於提高速率會產生其他的負面影響，這就是一種操弄使速率上升的方式，即使不是故意的，也會在無意識間進行。例如，可能是估算時估得比較多，或是實作時匆匆忙忙，這樣速率就會輕易提升，但這種行為會使得 Scrum 團隊無法掌握能實作多少項目，也會使得未來的預測不再可靠。即使不是有意為之，結果來說就是開發過程中的一個大問題。

那如果非得提高不可呢 !?

當然，提高速率並沒有錯，速率取決於 Scrum 團隊的實力，所以並不會自己上升，要提高就需要做一些事情。即使上升了也不能放鬆警惕，必須立即讓它穩定維持水準。只要能做到這一點，就沒什麼好擔心的。

那要怎樣才能提高速率呢？最容易想到的就是增加工作人數。在 Scrum 中，增加人數可能可以提高速率，但是要花點時間謹慎進行，原因是，Scrum 團隊之所以能維持穩定速率，是因為全員能協力進行工作。新人再怎樣都需要時間來適應 Scrum 團隊，首先必須對 Scrum 團隊有充分了解。例如，他們需要了解目前的 Scrum 團隊是如何合作進行工作的，以及所要實現的目標是什麼，如果他們不知道 Scrum 本身，也需要學習如何進行，做到了之後，他們才能成為 Scrum 團隊的一員。況且一次讓很多新人加入實在過於輕率，人越多，要考慮的事情就越多。

如果打算在 Scrum 團隊中增加人員，請提前計劃、盡力進行。例如，如果之後會與其他團隊一起進行開發，可以提前準備，思考要如何培訓，或是如何培訓其他人在第一版發布之後接手工作。等到運作起來如同一個 Scrum 團隊時，速率就會上升。

所以就算增加人手，速率也不會上升啊

難道不能用現有的 Scrum 團隊來提高速率嗎？也是可以的，只要讓工作能更容易完成即可。只要去找，就會發現有很多方法可以使工作更容易，不管有多小，都可以嘗試看看。例如，如果開發團隊在更高性能的電腦上工作，是不是會更順暢？或是幫助產品負責人處理一些插單的工作，讓他能專心準備下一個 Sprint ？可以缺席不必要的會議嗎？這些事項只要 Scrum 團隊就可以進行了。如果工作更加順利，速率就會上升，若持續下去，速率很快就會穩定下來。而發掘這些方法也是 Scrum Master 的重要工作之一。

工作越順利，速率就越高啊

提高速率並不難，透過一些設計和協力，可以讓日常工作更加順利進行，這種方式可以使速率逐漸穩定下來，也不用擔心在下個 Sprint 會突然下降。Scrum 提供了一個 Sprint 回顧，這段時間可幫助我們思考該如何做得更好。

請記得，速率只是開發過程中一個概略性的指標，就算為此忽喜忽憂也無濟於事。用它是因為可以可靠地預測未來，預測能做到多少。

推動開發的是 Scrum 團隊，如果迷惑於速率，摧毀了一個成長中的 Scrum 團隊，那可真是賠了夫人又折兵。Scrum 團隊的成長帶來的回報並非體現在速率上，例如若將剛開始開發時所估算的 3 點跟幾個月後進行中的 3 點進行比較，會發現後者能提供更多東西。這種事很難注意到，因為 Scrum 團隊是經過一個又一個的 Sprint 一點一滴成長的，而這無法光靠速率看出來。速率只是一個概略性的指標，不會一下就發生巨大變化，利用這個指標所了解的事情，對開發來說更為重要。如果問題是無法以目前速率滿足預期發布日期，也只能接受。也許必須儘早做出艱難的決定，如延期發布。

速率也只是一個指標啊

那麼，就來看看小僕和他的 Scrum 團隊能否不被速率迷惑吧！

部長，現在方便嗎？
上次那件事嗎？有個新人還有個有經驗的同事可以加入的樣子
哦 !!
速率要提高 10 點這件事
絕對不可能 !!
欸一
抱歉，是要報告這件事
為什麼 !?
最近速率提高是因為大家逐漸習慣 Scrum 了，包括我
應該可以穩定維持在那裡
可能還能上升一點
哦！那就
但是……
不過要進行第一次發布時，應該會發生一些沒有預期或沒經歷過的事情

如果有成員在那時候加入會怎樣？
我們也沒有在中間加過人的經驗，不知道怎樣做才對
加油啊我……!!

那……
這次……

速率不會上升 10 點，加人也不可能提前一個月！！
哇～說出來了

真討厭啊～
所以是要我跟業務部長這麼說嗎？
是的，如果他有什麼意見，我可以幫忙解釋

糟了…我剛又說了什麼……

SCENE NO. 15

讓問題更容易發現

欸？PO不在!?

總之部長的案子得到了處理，
小君跟業務部長似乎有追踪後續。

大家互相協助一起前進

在 Scrum 中，Scrum 團隊會互相協助進行工作。產品負責人也是 Scrum 團隊的重要成員，例如產品負責人的責任是在 Sprint 審閱會議中處理重要的事情，這是為了展示實際能動的產品給出資者及實際使用者、得到回饋意見，並與重要的利害關係人一同思考未來。但這麼重要的 Scrum 事件，關鍵的產品負責人卻不在，該怎麼辦？

就算開發很順利，還是得請他們來參加嗎？

有三個事件是 Scrum 團隊所有成員都必須參加的。

- Sprint 計劃會議
- Sprint 審閱會議
- Sprint 回顧

每個角色在各事件都有該做的事情：開發團隊要判斷能做到哪裡，並且說明要如何實作；產品負責人必須說明想實作什麼、到什麼程度，並思考成品是否可能達到目標；Scrum Master 必須確保事件順利進行，這工作可不輕鬆，不是誰都能做到的，做得到是因為一直都在努力參與處理，所以並不是找個代理人就能解決的。

**不過如果只是說明完成的項目，
我應該也可以**

其他應該參加 Scrum 事件的理由，就是為了獲得順利進行開發的重要資訊。開發團隊參加 Sprint 審閱會議，可以了解到對於產品的期望，了解整體的狀況。Scrum Master 可以察覺 Scrum 團隊和利害關係人的狀況是否有任何異樣。這些資訊能使工作更容易，而在日常工作中也更容易發現哪些不順利，這些會在遇到問題時成為判斷的依據。

在 Scrum 事件中能獲得重要資訊啊

對於產品負責人來說也是如此：與利害關係人互動，了解他們對情況的理解，並獲得他們的回饋意見。如果利害關係人不滿意，或者我們錯過了一個好主意，那麼是否還能達成對 Scrum 團隊的期望？而且難道錯過一次了解開發團隊詳細狀況的機會也沒關係嗎？不論如何都要參加 Scrum 事件。

但有時候就是無法參加，又不能改變時間盒，所以要想想其他方法。如果你是開發團隊一員，可以問其他成員狀況如何；Scrum Master 則可以密切觀察其他 Scrum 事件。

那產品負責人呢？不知為何產品負責人總是很忙，即使他或許能投入大量時間，也會發現自己還是被許多工作追著跑。如果沒有產品負責人，開發會朝向預料不到的方向前進。產品負責人也是 Scrum 團隊的一部分，所以這個問題要視為 Scrum 團隊的問題，詢問他為何無法參加。如果他不了解非參加不可的理由，請告訴他；可能需要耐心說服，但要確保他能理解自己是 Scrum 團隊的一員。

這次無法參加，因為突然有工作插單……

如果發現問題，要立即處理。如果產品負責人太忙無法參加，那就換成方便的時間。如果這也很難，何不幫助他處理工作呢？要表達自己可以幫忙不熟悉的工作可能不太容易，但與此同時問題也可能在逐漸惡化，此時 Scrum Master 會率先採取行動。支援產品負責人也是 Scrum Master 的重要工作。

產品負責人遇到困難時，是否總是要向 Scrum Master 尋求幫助？當然不是。角色之所以存在，並非是因為這樣比較容易壓著某人做事，而是因為這樣更容易發現問題。

例如，如果產品待辦清單的順序都沒有更新，會讓人有點疑慮，這表示產品負責人一定有什麼問題。如果認為某個功能已經完成，但第一次用就遇到各種錯誤而完全無法使用，那開發團隊應該是有什麼問題。角色的存在正是為了幫助我們快速找出問題所在。

每個角色負責不同部分，
所以可以知道哪裡有問題啊

如果發現問題，就靠 Scrum 團隊解決。要立即解決每個問題可能很困難，但一旦確定問題，就可以嘗試各種方法。有時可能必須做出艱難的決定，譬如要求別人改變角色以解決問題，但先不要因為是別的角色而有所隔閡，而是給予建議，分享解決問題的想法，常常這樣就能解決問題了。這麼一來，作為一個 Scrum 團隊一起工作的我們，就能面對並解決更大的問題了。

那麼，接著就來看看小僕和他的 Scrum 團隊如何協力前進吧！

嗯…
沒有藉口！
握拳
嘿，小君!!
啪嗒啪嗒
果然還是不能
沒有你！
!!
呼～
呼～
有沒有可能
用零碎的時間進行？
審閱內容可能
跟之前一樣
好多汗…

差不多該開始考
慮發布的事情，
可能會看到一些
重要的資訊
PO 不能漏掉
這部分

重要資訊…
是什麼……!?

我只知道
這些……
可能有點零碎，但可以
分成 4 次嗎？
9:00 開始 30 分鐘
午休
15:00 開始 30 分鐘
17:00 開始 30 分鐘

我也還不知道，不過
也只有在審閱中才會
知道！

當然，這
PO 應該做
的，不過作
為回報……
謝謝！
幫了大忙！！

當然！
幫我準備資料
以及聯絡利害
關係人！
砰

身為
Scrum Master，
支援 PO 就是
我的工作！

SCENE NO. 16

事先釐清意圖

是否有確實傳達到呢？

感謝 Scrum 團隊的努力，審閱得以順利進行。
重點是審閱的情況如何呢？

這樣會有什麼問題嗎？
就是….
之前沒說過這次重點是方便操作嗎？
原來如此！

要不要請大家再複習一下初始計劃？
那倒沒問題，不過是說我傳達要求的方式有問題嗎？
問題？

例如……
列出
大客戶名單
3P
這種寫法是不是會無法掌握現行系統的概念……
了解

待會兒有時間嗎？
到底該怎麼辦呢？

太好了♪
有哦！
如果要一起吃飯的話
待會兒來想一下，這樣就趕得上明天的 Sprint 計劃會議！我準備一下

好，等你哦！！
待會兒見！
啪嗒啪嗒
好，該怎麼做呢……

總之試著傳達想法 !!

在 Scrum 中，產品負責人會將想實作的項目告訴開發團隊，但要充分傳達並不簡單。如果沒有正確傳達，在確認完成或看到示範時，就會發現沒有確實傳達，但我們並不想浪費發現之前的這段寶貴時間。那要怎樣才能充分傳達呢？考慮一下這個問題。

傳達有這麼難嗎？

雖然簡單幾句話就能說完要實作什麼，但各個角色考慮的事情都不一樣。產品負責人思考的是想要實作什麼，開發團隊思考的是如何實作。貌似談論同一件事，但想法並不同。這麼做的好處是可以各自專注在負責的部分，但也可能因為著眼點不同而容易產生誤解。

為避免誤解，我們希望能傳達想法，讓彼此更容易理解對方的想法。一種方式是，用實際使用者的角度來描述想實作的項目，雙方都應該關心那些會真正使用產品的人。產品負責人關心是否滿足產品使用者的期望，而開發團隊關心使用者是否以預期方式使用。例如提供搜尋功能時，會想知道的是使用者能否順利找到東西，或是有無如預期方式使用此功能。

PO 跟開發團隊職責不同，
所以容易產生誤解啊

現在就試著從實際使用者的角度來描述我們想實現的項目，使用者故事（User Story）可以讓這件事變得比較簡單。它是從實際使用者的角度，對欲實現項目的簡潔描述，常以下面格式編寫。

身為〈怎樣的使用者或顧客〉
想要〈怎樣的功能或性能〉
這是為了〈想達成什麼〉

用這種寫法，就能將產品負責人想實作的項目，表達為「這樣的使用者想要我們達成這樣的事情」這種形式。例如像這樣，「希望業務員在外面也能寫每日報告，這樣上司就能在業務員下屬有困難時立刻得知」。開發團隊也可以從使用者如何操作產品的角度，告訴產品負責人他們打算如何實作使用者故事。例如像這樣，「使用者首先會看到這個畫面，當他們按這裡時，就會顯示另一個畫面，可以輸入每日報告。然後在那裡輸入這些項目，再按這個按鈕存檔」。這可以當作 Sprint 審閱會議中的示範步驟使用。用這些使用者故事撰寫的產品待辦清單看起來是這樣的：

故事	示範步驟	估算
身為常往外跑的業務員，希望能記錄每天拜訪客戶的狀況，根據最新狀況擬定業務部的銷售戰略。	顯示 XXX 公司的記錄頁面，輸入訪問日期時間、拜訪者、會談狀況、報告內容，並按下記錄按鈕。確認畫面會顯示使用者名稱⋯	5
想限制使用者，只有正式員工可以看到機密資訊，確保安全⋯	未登入就存取會顯示登入畫面。 輸入小君的員工編號和密碼⋯	3
業務員想從各方面搜尋客戶並了解詳情，這樣在會談時較有優勢。	在首頁選擇搜尋 tab 會顯示搜尋畫面，輸入條件，如公司名稱、行業、資本額、地址⋯	3
……		

如果以使用者故事為單位來實作，就能判斷提供給使用者的東西是否有達成欲實現目標，而且也更容易得到回饋意見，可以了解如何改善所提供的東西。

使用者故事容易相互傳達想法，
也適合作為實際執行的單位啊

而使用者故事中，最重要的就是第三行，也就是為何需要這個使用者故事的理由，不要只是說「想要這個東西」，還需要傳達意圖，可以使 Scrum 團隊更容易行動。

例如，假設開發團隊不僅知道「身為業務員，想要在外也能看到傳給自己的訊息」，還知道其意圖「這樣就算在移動中，也不會錯過與商務會談有關的重要工作聯絡訊息」，那麼在實作使用者故事時，開發團隊更容易考慮到某些事情，譬如因為常在手機上閱讀所以要放大文字，或是重要訊息要用紅色標示等。這麼一來，即使沒時間做出最初想要的漂亮畫面，至少也可以讓使用者不會錯過重要聯絡訊息。例如，通知重要訊息時，可以利用特別設計過的標題來替代。

只要知道意圖，就更能根據狀況作出處理。重點不在功能，而在是否能實作想達成的事項。而在決定是否放棄某個項目時，意圖也是判斷的重要依據。

在使用者故事中，
必須寫明為何需要這個項目啊

許多 Scrum 團隊都會使用使用者故事，但要一些時間才能習慣編寫，例如「身為使用者，我想要所有使用者的一覽列表，因為想要全部確認一次」，這樣寫就沒有意義。

不知道是誰想要一覽列表功能，不知道有何必要，也不知道一覽列表功能想要做什麼。至少要有最重要的意圖部分，譬如在外業務人員可以在空檔幾分鐘之內確認訊息。即使產品待辦清單項目並非以使用者故事形式撰寫，這部分也是必需的。所以就算不是用使用者故事，也要設個欄位，讓大家可以明確寫出意圖。如果能簡潔地寫下為何想實作，Scrum 團隊就不用煩惱太多。

至少也要寫出欲實作事項的意圖啊

所以只要有寫清楚意圖就沒問題了嗎？

接下來要實作的項目，都是在腦中思考過的項目，要用文字來傳達有一定難度，使用者故事就是用在這裡的。使用者故事很簡短，用這種形式無法把所有想傳達的內容都寫進去，因此細節部分就必須搭配書面的使用者故事用講述的，這是最有效的傳達方式。透過刻意保持簡短，可以確保 Scrum 團隊經常有機會討論這些欲實作項目，這樣就能在實際動手前，根據當時情況具體思考該如何實作。

原來如此，最重要的是頻繁討論和交流啊

還有，別太拘泥於使用者故事的格式，如果 Scrum 團隊對此還很陌生，可以按照這裡介紹的格式來傳達意圖，而如果是長期合作的 Scrum 團隊，簡短的內容可能就足夠傳達意思了。

請根據實際情況思考如何傳達。根據工作現場實際情形，可能不見得能經常討論，譬如開發團隊在海外，那麼使用者故事就不太足夠，有可能需要整理成文件，內容包括畫面的概念圖或驗收標準等，彌補無法頻繁進行的對話。

關鍵在於要用各種手段盡可能地傳達想實作的項目，產品負責人思考實作什麼，開發團隊思考如何實作。想實作的項目背後是有理由的，Scrum 團隊全員都必須了解，還要盡一切努力將其做到最好，而使用者故事就是其中一種方法。

那麼，就來看看小僕和他的 Scrum 團隊能否成功傳達想實現的項目吧！

員工餐廳
……所以這個「為了什麼」
我們應該先寫比較好
有聽到嗎？
吃吃

有在聽哦！
欸!?
明天的部分我很快就能寫好了！

我有問過每個人，從部長到事務人員
我想解決這些問題
從如何煩惱到想怎麼做，都寫上去就行了吧？

對對！就算無法全部寫下來，也可以口頭說明或寫在白板上
好，那就這麼定了！

待會兒就來做明天的部分
我來幫忙吧
剩下的部分下週再找時間寫吧
當然！

SCENE NO. 17

支援 Scrum 團隊

好像有些不對勁!?

最近 Sprint 已經進行得很順利了，
跟之前完全不同。開發也能這樣順利進行下去嗎？

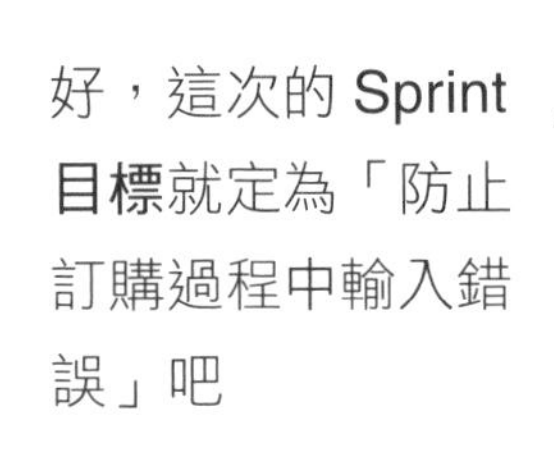

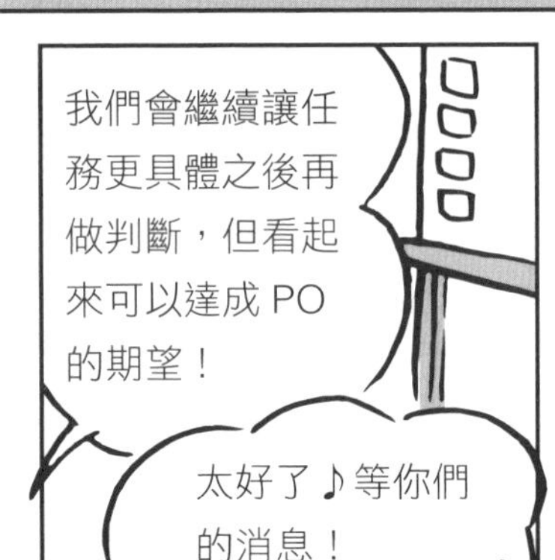

支援大家達成目標!?

為了順利進行開發，Scrum 需要協助彼此進行工作，但當 Scrum 團隊出現問題時，該怎麼做？開發團隊是一個重要的角色，被賦予的責任是找出如何完成想作的項目。假如最初順利的事情，中途開始不順了，該怎麼辦？必須做什麼？考慮一下這個問題。

看來開發團隊遇到問題的樣子……

在 Scrum 中，我們對開發團隊有很多期望，其中一個就是在每次 Sprint 都能交付軟體，而且是實際能動的軟體，這樣能讓產品負責人思考如何達成未來的目標，當然還必須確保在技術面沒有問題。要持續交付軟體並不容易，但如果不繼續下去就沒有意義了。

不過有時會發現，工作不像之前那樣順利，例如在處理 Sprint 審閱會議的一個簡單意見回饋時，發現程式碼很難閱讀，找不到相關部分，或者是修正時影響到其他部分，無法如預期般迅速完成工作。這種情況讓我們很難持續在每次 Sprint 都交出可用的軟體。

為什麼會發生這種情況呢？

最常見的原因是，難以處理的程式碼增加了。例如若有大量難以閱讀的程式碼，就很難找到進行修正的地方，難以處理的程式碼越多就越難修正，就像債務越滾越大一樣，有人把這種情形叫做技術債。這樣的程式碼越多，開發工作就越難進行，在它干擾開發之前，必須先進行處理。對開發團隊來說有一項重要任務，就是要確保所寫的程式碼始終處於容易開發的狀態，才不會導致之後有處理不完的問題。

如果在日常作業中已經處理不完，就得和產品負責人討論了，如果繼續勉強進行，傷口只會越來越大，還是早點處理比較好。此時可能要決定是否先暫停 Sprint，或在產品待辦清單中增加項目來解決問題並調整時程。也就是說必須設法找出時間來處理，所以要和產品負責人一起決定何時以及如何處理。

如果常發生這種情況怎麼辦……

面對這些難以處理的程式碼，不要以為花時間修正了就能安心，因為過一陣子可能會突然發現這種程式碼又增加了。在 Scrum 團隊中，還有其他會反覆出現的問題，例如產品待辦清單的項目細節總是寫得太慢。我們不想一次又一次地犯同樣的錯誤，所以來嘗試找出 Scrum 團隊是否哪裡有問題的原因吧！如果你觀察一下開發團隊，會發現他們正努力實作超過能力範圍的項目，根本沒有時間照顧程式碼。有時是開發團隊一開始在 Sprint 計劃就做出了錯誤決定，而且也沒有與產品負責人進行良好溝通，所以無法傳達情況有多糟糕。

這對 Scrum 團隊來說不是一個好的狀態。如果只處理問題，這種狀態是不會改善的。如果不針對這種狀態做出一些處置，之後還會再出問題的。

必須停止製造問題啊

讓 Scrum 團隊維持良好狀態是 Scrum Master 的工作，觀察 Scrum 團隊，找出不順利的地方。即使程式碼很難處理，也一定在某個地方有跡可循。

跡象或許就在所寫的程式碼中，可能是因為程式碼雖然明顯不良但沒人討論，或是因為開發團隊雖然持續加班，卻打算在 Sprint 計劃中塞進更多的項目。我們要想個辦法，不要忽視這些事情。其實，某些 Scrum 團隊有自動化的機制來衡量在開發上花費的時間，或是測試程式碼增加了多少。Scrum Master 應該主動建立這樣的機制，因為狀態不好的開發團隊可能根本沒時間處理這些事情。

發現不順利的情況之後要怎麼辦？

如果發現有任何不順之處，Scrum Master 應該找大家討論。「都沒問題嗎？」往往這麼一句就能解決問題。另外如果不知道何處不順，Scrum Master 應該告訴大家，例如若沒人注意到有不良程式碼，Scrum Master 應該試著問「這是會在最初的發布版本後新增的功能是嗎？」或是「發布之後的維護該怎麼進行？」，這是讓 Scrum 團隊轉變為良好狀態的機會。

Scrum Master 為了履行自己的職責，應該了解一個好的 Scrum 團隊是什麼樣子。雖然從書中可以學到如何進行 Scrum 事件，但這些事必須自己思考，這一點非常重要。

Scrum Master 要維持
Scrum 團隊處在良好狀態啊

判斷是否處於良好狀態並不難，例如若每個人都工作到很晚，或隱約知道 Sprint 內無法完成工作但沒人要討論，這些情況都不好，而且不需要了解 Scrum 就能判斷。許多 Scrum Master 都非常在意是否能達成周遭期待的發布日期，並認為他們別無選擇、只能堅守發布日期，因而忽略了這些事情。當一個習慣以非 Scrum 方式工作的人成為 Scrum Master 時，很容易發生這種情形，要特別注意。

如果 Scrum 團隊總是處於良好狀態，開發就能順利進行，這不是為了滿足預期完成日，而是為了達成最初的目標。要傳達給大家何為理想狀態，哪些進行得不順，幫助開發團隊和產品負責人解決他們沒注意到的事情。只要創造一些小小的機會，也許就能解決問題。我們要彼此協助，解決單靠開發團隊和產品負責人無法解決的問題，這麼一來，Scrum 團隊就能充分發揮力量。

Scrum Master 會支援所有人實現目標，這種做法被稱為僕人式領導（Servant Leadership）。如果能引導出大家的力量，就能達成目的，這就是 Scrum Master 應該傾注全力的部分。

那麼，就來看看小僕和他的 Scrum 團隊能否保持良好狀態吧！

嘎啦嘎啦

來看看上次的
燃盡圖吧
雖然之前說過，上次會有
做不完的是因為公司活動
所以少了一天……

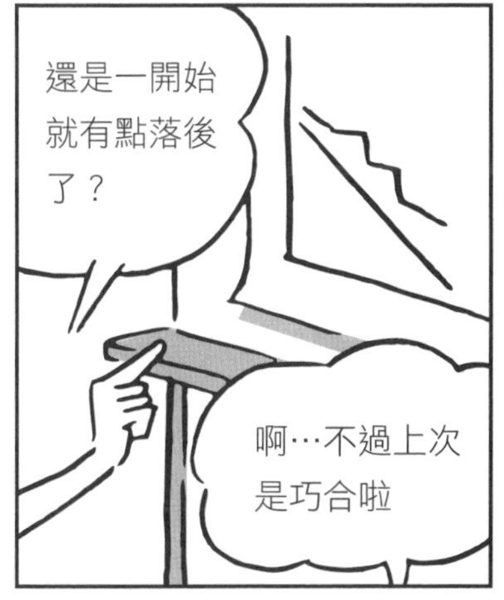
還是一開始
就有點落後
了？
啊…不過上次
是巧合啦

嗯，但為了讓大家
工作更順利，我想
找出**原因**
我知道，
但是….

總之請大家把擔心的
事情都寫在紙上吧，
寫完後傳給隔壁的人
可以追加意
見，或是投
票支持也可
以

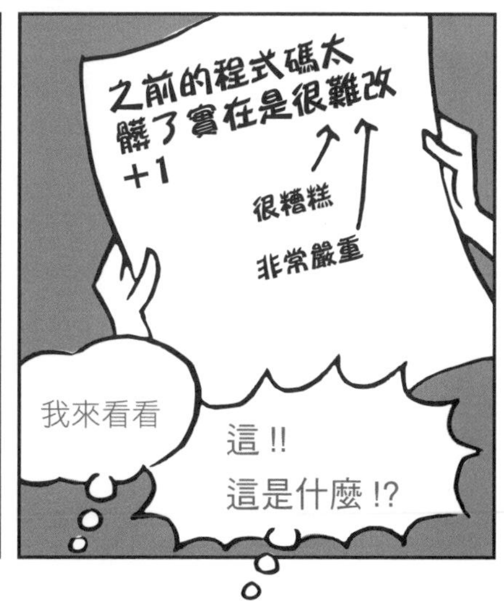
之前的程式碼太
髒了實在是很難改
+1
很糟糕
非常嚴重
我來看看
這!!
這是什麼!?

SCENE NO. 18

持續改善狀態

無法馬上解決……

Scrum 團隊遇到了一個大問題。
已經找到解決的線索，但似乎很花時間。該怎麼辦？

盡可能接近理想!!

Scrum 團隊會儘早解決任何潛在問題和不順之處，並繼續進行開發。特別是 Scrum Master，所作所為都是為了讓 Scrum 團隊維持良好狀態，這樣 Scrum 團隊才能發揮最佳表現。這是進行 Scrum 的理想形式，但現實中不會如此順利。理想和現實之間存在差距，即使發現問題，也需要時間解決，這些都會阻礙開發順利進行。遇到這種情況該怎麼辦？

雖然不管怎樣都會出現問題……

所謂問題，就是任何直接威脅我們實現目標的事情。例如大量 bug，或是請其他部門幫忙的工作進度大幅落後。此外還有產品負責人的要求不斷改變，或是難以處理的程式碼不斷累積等。

而且開發過程中總是會發生問題，如果任其發展，會導致無法挽回的後果。為了避免這種情況，重點是 Scrum 團隊每個人都了解所面臨的問題，這樣就能在問題變嚴重之前處理。

如何才能弄清楚問題呢？

每日 Scrum 會議之類的 Scrum 事件，就是一個掌握問題的機會，這樣就能確保團隊成員都對問題有所掌握。然而當大家都忙於工作時可能就行不通，而且有些 Scrum 團隊不習慣將問題告訴所有人，此時就需要利用一些方式來彌補。

例如，把問題像任務板一樣貼出來如何？這樣就能讓大家知道自己發生了什麼問題，以及各個成員的狀況如何。而且如果 Scrum 團隊還不習慣報告問題，也不必煩惱要在哪裡報告。

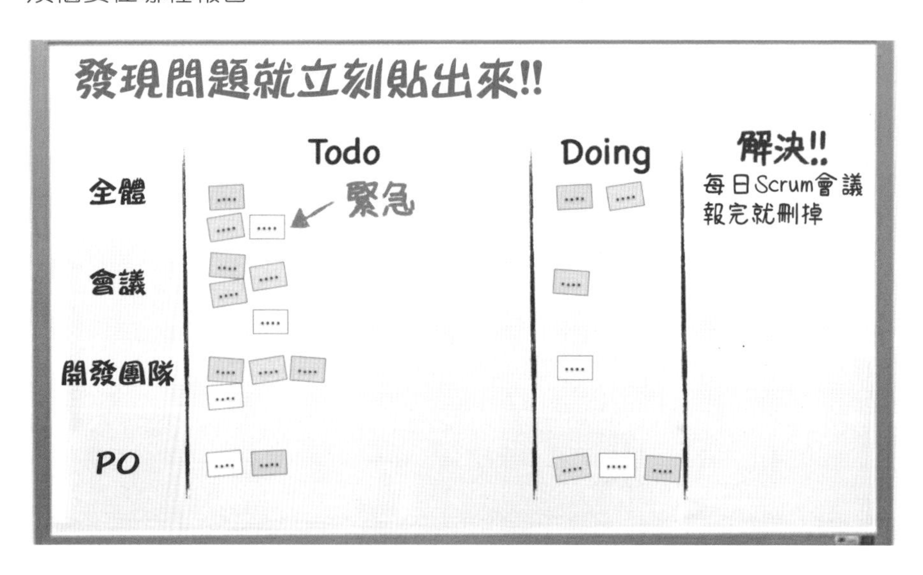

如果發生問題，必須盡快處理，這比繼續進行日常工作還重要。問題被擱置越久，對 Scrum 團隊的影響就越嚴重，所以要把解決問題融入為日常工作的一部分，這樣即使是大問題也會變小問題，可以逐步解決。例如 Scrum 團隊遇到的問題是，有個相距很遠的部門總是拖延委派的工作，處理方式是大家輪班，每天聯繫該部門進行確認。

Scrum 團隊應該對所面臨的問題持開放態度，才能做到這樣的解法。

大家都必須了解那些
會威脅到目標實現的事情啊

還有其他事情會威脅到目標實現，而造成問題的就是 Scrum 團隊本身。當然目前的 Scrum 團隊並非理想的 Scrum 團隊應有的樣子，也許每日 Scrum 會議已經變成向某人報告的會議，還因而錯過了萌芽中的問題，或是想用白板釐清問題，卻連放置白板的空間都沒有。

如果這些事情能解決，開發應該會更順利吧，而其實解決這些問題，正是 Scrum Master 的工作：要描繪出理想中 Scrum 團隊的樣貌，然後使自己的團隊更接近那個樣貌。

要如何才能更接近理想？

首先應該思考要專注在什麼事情上。目前的 Scrum 團隊，與理想中的相比，肯定是有差距的。Scrum Master 要密切觀察 Scrum 團隊整體情況，應該會發現一些在意的點，例如 Scrum 事件中單方面討論的時間太長，或是開發團隊遇到難用工具卻毫無怨言照用。如果發現這種事情，試著找出發生原因。也許開發團隊並沒有真正理解 Scrum 事件的目的，或是沒有意識到有其他更易用的工具。試著找出覺得「這樣做會更好」的地方吧！

這些差距使 Scrum 團隊無法以理想方式前進，而這些阻礙理想形態、活動的事物，就稱為障礙。例如若產品負責人不調整產品待辦清單項目，這就是一個問題。而如果原因是產品負責人因其他工作影響而沒時間看產品待辦清單，那麼我們就會認為產生問題的原因是個障礙。消除障礙可以使 Scrum 團隊更接近理想，這樣 Scrum 團隊就會減少產生問題，而 Scrum Master 必須找到這些障礙並將其排除。

這些造成無法改善狀態的原因，必須要進行管理啊

只要去找就會發現其實有很多障礙，有些解決了也沒什麼效益，也有些解決很費功夫但很有效益。我們無法一下子就清除所有問題，所以要先進行管理。最常見的方式，就是以列表管理。

當然，這個列表是屬於 Scrum Master 的，Scrum Master 必須負起責任進行管理。這是一個讓 Scrum Master 更接近理想的 ToDo 列表，如果是優秀的 Scrum Master，列表上可能有 50 個以上的障礙。然後還要經常思考該以何順序解決此列表中的障礙；最好將列表加上順序，就像產品待辦清單那樣。例如若某個障礙與開發團隊和產品負責人兩邊都有關，因此想優先處理，那麼就放在列表頂部，要花時間解決的就暫時往下移，發現新的障礙就加到列表最下面。我們會經常檢視修正這個列表，所以安排順序會更容易處理，用便條紙在牆上貼成一排也是一個好主意。

對障礙進行排序，就能清楚知道哪些要先解決啊

這份列表應該貼在 Scrum 團隊看得到的地方，可以使 Scrum 團隊更容易參與。例如開發團隊可能不覺得每日 Scrum 會議超過 15 分鐘是壞事，但如果貼在牆上，就能向他們傳達 Scrum Master 非常重視。而且還能讓大家看到解決的進展如何，也能看到需要大家共同解決這些問題。例如開發團隊因為不太了解某項技術而忽略對其驗證，這就是一個障礙；假設沒有看到任何可能的解法，那麼或許大家會認為可以先自己舉辦讀書會。

還有，因為貼出列表，所以可以知道 Scrum Master 遇到問題。如果解決障礙方面沒有進展，或是遇到新的障礙，那麼 Scrum Master 可能是遇到了一些問題。Scrum Master 也是 Scrum 團隊一員，所以此時其他人記得要給予協助。

會這麼順利嗎～

如果細看每一項障礙，其實都很困難，例如「其他部門老是插單，導致無法專心工作」，要排除這樣的障礙並不簡單。首先，Scrum Master 可以成為主要窗口，專門應對其他部門要求的工作，這樣能讓其他人有更多時間專注於工作，而這樣可能就已經要耗費許多精神了。又或者如果 Scrum 團隊總是對不順利的事情視而不見呢？但如果完全不去解決，最終會變成大問題。我們可能無法解決所有問題，但可以盡力改善。

起初沒有人會看到障礙，或甚至是威脅 Scrum 團隊目標的嚴重問題。先把它們貼在大家都看得到的地方，然後由 Scrum Master 帶頭去解決。再來，如果持續一點點地改善，那麼其他人也都會有興趣知道怎麼改善的，畢竟沒人會覺得不順的東西放著不管也沒關係。然後還要把大家都拉進來一起參與，一起解決更大的障礙和問題。要做到這點，Scrum Master 需要一點勇氣，以及不輕言放棄的耐心。這並不容易，但做得越多，Scrum 團隊就會越好，而 Scrum Master 就必須扮演這樣的催化劑。

那麼，就來看看小僕和他的 Scrum 團隊是否越來越接近理想的 Scrum 團隊吧！

TO DO
DOING
DONE
超重要
咦，那是什麼？
這是 Scrum 團隊不順的地方列表

我的工作是要排除這些
不了解 TDD
很希望能了解這些問題解決的進展

要用下面這塊嗎？
TODO
DOING
DONE
哦!!
天才

TO DO
DOING
DONE
小僕
好，我在這裡劃一塊區域

好，先從學習 TDD 開始吧…
不了解 TDD
貼～

TODO
DOING
DONE
很好很好
TDD

哦，TDD 這條變成 DONE 了！
太棒了！

我在公司裡找到會 TDD 的人了！他們說可以早上過來一陣子
太好了 !!

那大家就加油吧，好好學會 TDD
拜拜
我會來建立一個環境，自動執行測試

那就先來開讀書會吧！
好～想試試結對程式設計～！
嘻嘻

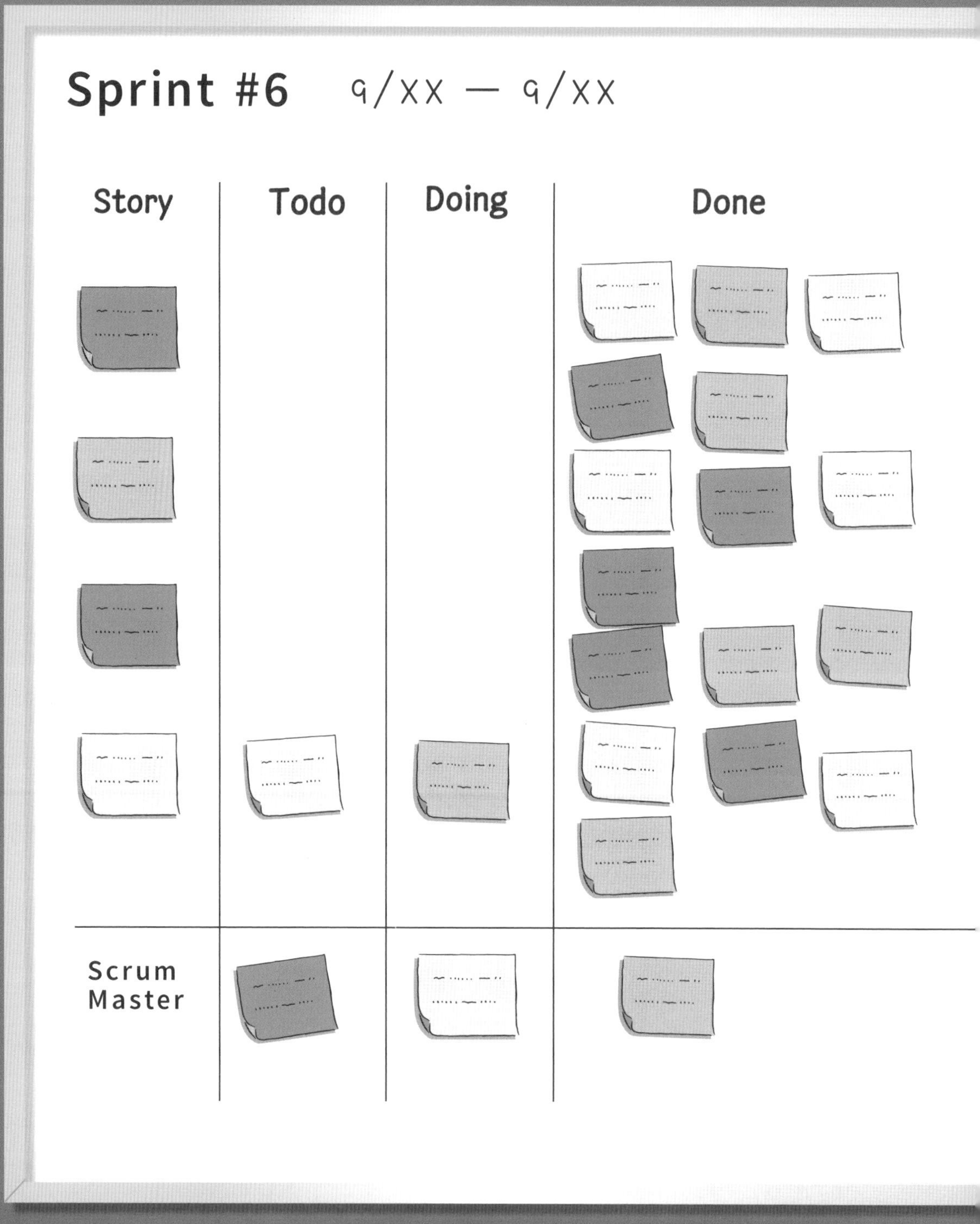

Sprint #6 9/XX — 9/XX

Story	Todo	Doing	Done
Scrum Master			

【Scrum Master 的筆記】

不能不明就裡地進行工作～。

但過程中讓問題更容易被發現，或許有逐漸變好。應該可以這樣繼續順利進行，一直到發布第一版！

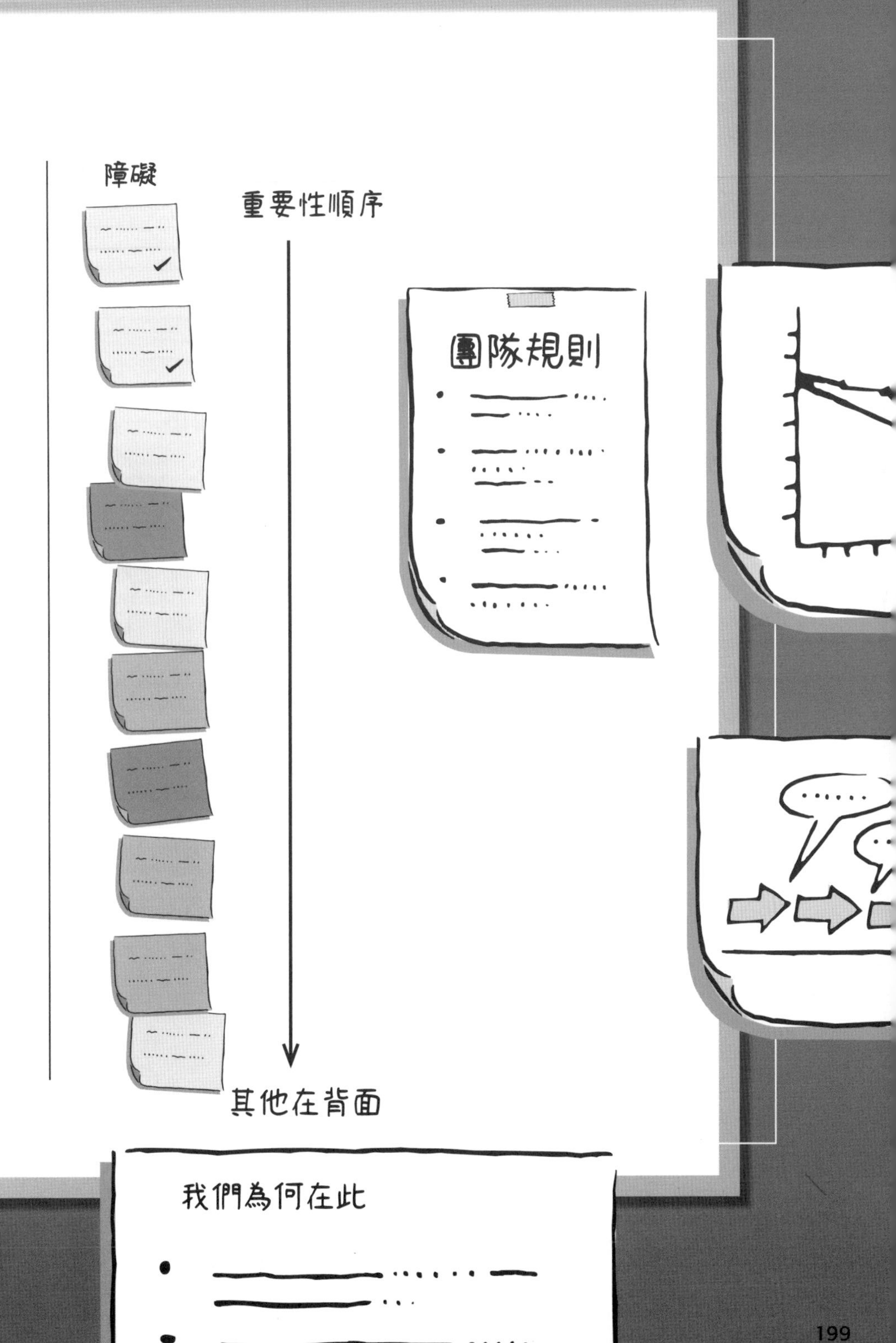
障礙
重要性順序
其他在背面
團隊規則
我們為何在此

SCENE NO.

19

始終清楚了解未來的情況

不知道未來的情況 !?

開發團隊在 TDD 方面的成果逐漸顯現，
現在只剩下 2 個 Sprint 了，已經安全了嗎？

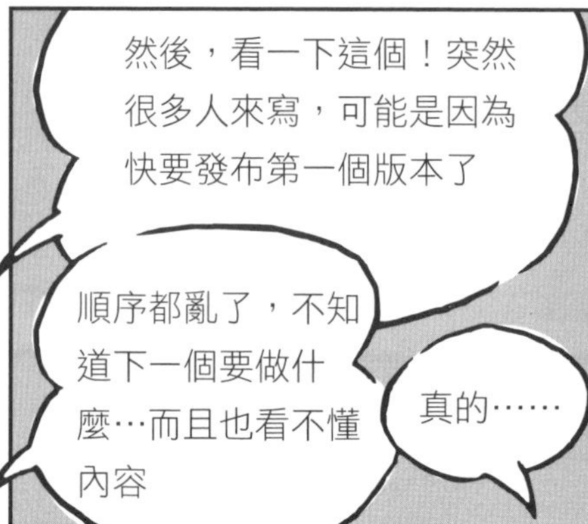

必須好好照料

產品待辦清單是一個會持續更新的東西，例如有時候會把其中的大項目拆分成多個項目，或是在 Sprint 審閱會議時追加覺得可以改善的事情，開發團隊也會在開發過程中追加認為有必要的事項。隨著越來越多東西加入，不知不覺之間，已經沒人說得清楚產品待辦清單到底變成什麼樣子了。能做些什麼來預防這種狀況嗎？

是不是決定誰能更動產品待辦清單會比較好……

那如果就只讓某些人更動產品待辦清單呢？如果訂定追加的規則呢？

Scrum 團隊的狀況不斷變化，會出現需要之後進行的事項，或是出現改善的點子，此外，所屬組織可能也會突然蹦出什麼想法。產品待辦清單讓我們可以整理這些狀況變化，並保持目標明確，知道 Scrum 團隊想要達成什麼。如果想持續順利發展，重點是不要忽視情況的變化。會注意到變化的可能是開發團隊，也可能是實際使用者，我們希望盡快聽到這些聲音，盡可能多收集，並思考未來。要進行判斷時，應盡可能以最新資訊為基礎，如果是由專門的人負責填寫產品待辦清單，可能就會較晚才注意到狀況變化，或是寫下的內容有偏誤。產品待辦清單應該讓大家隨時都能編寫，這樣才能廣泛收集意見。

讓大家都可以自由編寫，
就能得到各種意見啊

如果產品待辦清單包含各種意見，就要對其進行整理，找出達成目標的最佳方式。為此會對產品待辦清單進行以下作業。

1. 審閱及修正順序，確保不會錯過重要事項
2. 確保估算是最新狀態
3. 確保是達成目標的最佳順序

要整理產品待辦清單，可以重新排序項目，產品負責人對這個順序負責，在審閱順序時，產品負責人應該發揮主導作用。

首先，再看一次產品待辦清單的內容，是否有任何重要的事項被埋在清單底部？例如在 Sprint 審閱會議中注意到的一些重要事項，或是改善的想法。清單底部應該是一些實作與否都無妨的事情。如果有太多項目要調整順序，就從分類為優先處理的項目開始進行。另外，為了順利處理，最好先忘了這是新追加還是舊有的項目。

為了整理出重要項目，所以要重新排序啊

調整好順序後，接著就是更新估算。看一下重排好的產品待辦清單，會看到頂部還有一些項目沒有進行估算，對於這些清單中尚未估算的項目，因為不知道實作的難度如何，所以會由開發團隊進行評估，這是開發團隊的重要工作之一。就跟之前一樣，進行時也要對有疑處進行確認。

除了估算尚未估算的項目之外，也要重新估算頂部那些即將進行的項目，這是因為情況可能已經跟當初估算時不同了。最初的焦慮不安應該已經消失，也可以將至今所做的部分納入考慮，而且 Scrum 團隊應該也有所成長，所以記得將這些最新資訊反映到估算上，未來的事情都應該根據最新資訊來考慮。

重新估算可以了解最新資訊啊

完成估算之後請再次考慮順序，要注意追加的項目。新項目看起來好像都很重要，它們通常是因為根據最新狀況而追加的，所以往往很重要，但不管看起來多重要，是否真能實作又是另一回事。

Scrum 團隊會盡最大努力達成預期目標。例如，如果發布日期很重要（譬如已經排好大型宣傳活動），那麼還能優先實作某個很花時間的想法嗎？或者如果被要求實作最低限度的功能，那麼還能優先考慮那些只是稍微改善現有部分的點子嗎？為了守住目標，就算再好的想法，也應該要有勇氣放棄。

為了實作某些新東西，也必須放棄一些東西。為了做出正確的判斷，必須知道需要多大的功夫才能實作，因此估算是必不可少的，最後就以順序來表示要優先進行的項目。

為了達成目標，必須判斷要實作哪些項目啊

進行這些工作之後，產品待辦清單就會像第一次 Sprint 一樣有條不紊，也能再次看到 Scrum 團隊的方向。

Scrum 會根據狀況進行修正，同時朝向目標邁進。當然，Scrum 團隊所處環境的狀況也一直在變化。例如在 Sprint 審閱會議想說這樣做會更好時，情況跟第一次 Sprint 已經不同了，我們會更新產品待辦清單以跟上狀況變化，重要的是持續進行修正和整理。

要持續整理，
確保 Scrum 團隊的發展方向是清晰的啊

在 Scrum 中，這樣的活動非常重要，稱為產品待辦清單梳理（Product Backlog Grooming），或是產品待辦清單精煉（Product Backlog Refinement）。這項活動日常都在進行，所以沒有規定要定期舉行事件，Scrum 團隊如果上手了，每天都會進行，而因為每天都有進行，所以只需要微調就能搞定。如果還不習慣每天進行，也可以先從舉行定期事件開始看看。

如果是採用定期事件，那麼在 Sprint 期間內至少要進行一次。如果沒什麼要處理的，那就散會回到日常工作。推薦的時間點是 Sprint 到一半左右時，這樣比較不用擔心與其他 Scrum 事件的時間撞到，而且手上也有到上次 Sprint 為止的最新資訊。

為了好好整理產品待辦清單，請先暫時忘掉平時的 Sprint，從更廣闊的角度思考整個開發過程，例如看看初始計劃，回想 Scrum 團隊應該要先達成什麼目標。

應該一開始就讓梳理產品待辦清單成為定期事件嗎？

在 Scrum 中是根據產品待辦清單進行開發的，如果放著產品待辦清單不管，大家會不知道接下來發生什麼事，因此應該要整理產品待辦清單，反映最新的狀況。只要持續不斷地做些小小的維護即可，這樣 Scrum 團隊就能根據最新狀況，安心進行開發。

那麼，接著就來看看小僕和他的 Scrum 團隊是否能更新對未來狀況的了解吧！

好，那現在就來重新評估項目順序吧
重新評估？要怎麼做？

跟一開始一樣，先分為重要和不重要兩類
原來如此

這樣那樣
這裡的是優先吧
這個真的不做不行嗎？

好！這樣就重新照重要性排序了
啪

我想在下個Sprint做新加的項目耶
嗯這個很重要，得要先做呢

如果在這裡加了新項目，就得從原來預定的發布版本中拿掉某些項目
1
2
3

嗯對，我確定一下是不是真的可以拿掉

總之我會把這個問題帶到 Sprint 計劃會議討論哦
不，等等

沒有估算就不知道 Sprint 內是否做得完，得先找開發團隊估算才行

啊對，我都忘了！
嗯，我是這麼想

待會兒我會去找開發團隊
不愧是小君！

不過先休息一下～累了～
啊哈，真的
啪

SCENE NO. 20

消除重工

真的可以開始嗎？

維護產品待辦清單之後，冒出了很多疑問，
能順利解決嗎？

做好開始 Sprint 的準備吧 !!

大家都討厭明明做完的工作還得重來一次，然而即使是用 Scrum 進行開發，也還是會發生重工（rework）的情形。例如可能會在 Sprint 審閱會議時聽到回饋意見，然後意識到應該要在實際動手前多考慮一下。雖然只是一個 Sprint 的重工，卻浪費了 Scrum 團隊的寶貴時間和費用。想想該如何防止這種情況發生。

重工何時會發生？

當實作項目模糊不清時，特別容易出現重工的情況，如果模糊的地方太多，產品負責人和開發團隊就得不斷確認。如果得停下工作不斷重做，那工作就無法順利進行。與此同時，Sprint 的時間仍在不斷流逝，如果不先考慮清楚就進行，之後就會面臨更大的重工。

大家對 Scrum 團隊都有很多期望，也有很多想要他們達成的事情，Sprint 審閱會議這個事件就是要逐一仔細確認這些事項是否能達成。我們會實際檢查確認所實作的成果，判斷是否符合預期，如果一開始沒有釐清想實作的內容就開始進行工作，就無法作出判斷，這會使我們無法接近目標。

沒有搞清楚想實作什麼，就會產生各種問題啊

而且如果先進行還不明確的項目，也會看不到未來的發展。已經進行的不明確項目，其估算也與速率有關聯，可能會影響到對未來的預測。或許你會覺得釐清模糊項目的工作量不是很大，但其實可能也很花精力，而同樣的事情也可能會發生在下一個 Sprint 要實作的項目上。在 Scrum 中會根據自己的表現預測未來，但這樣會連表現都變得模糊不可靠。

當然並不是說產品待辦清單中的每個項目都需要釐清，這樣要花大量的時間。而且產品待辦清單最好也要放一些模糊的東西，譬如突然想到的點子，因為其中某些項目可能是達成目標的重要提示。要防止重工，只需要考慮最近這個 Sprint 就足夠了。在 Scrum 中，會從決定要實作的項目開始逐步決定細節，產品負責人應該專注在釐清產品待辦清單中的近期欲實作項目。

只要釐清最近這個 Sprint 的模糊項目
就可以了啊

首先要確保不會有重大的重工。在 Sprint 開始之前，應該先確認該如何實作即將進行的項目以達成目標。這並不困難，而且這也是產品負責人獲得其他人意見的一種方式。例如詢問開發團隊的意見，並據此做出決策，要去問實際使用者的意見也可以。例如有一種所謂的紙上原型設計（paper prototyping），正如其名，是在紙上製作原型，反覆試驗找出問題所在的方式，對於思考要什麼功能、確認畫面及操作方式很有幫助。跟草圖一樣簡單也沒關係，例如：打算在畫面的頂部放某個形狀的按鈕，按了之後會出現這個樣子的畫面；有視覺表現就比較容易理解。如果可以拿給實際使用者看，可以防止實作方向大幅走偏。

更有經驗的 Scrum 團隊甚至會重現實際操作的感覺，在開發前就先確認好。利用這些技巧，就能消除重大的重工。

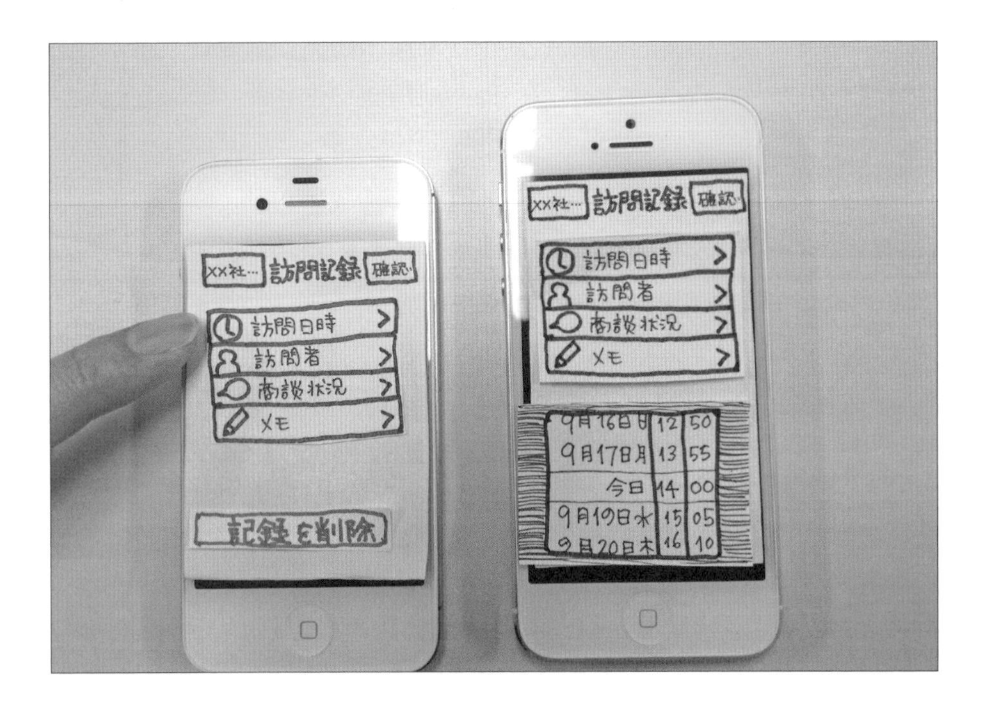

用一些技巧就能防止重大的重工啊

防止重大重工之後，接著就是消除那些會阻礙工作進行、比較小的重工。以下就是 Scrum 團隊應該努力的方向。

- 深刻理解欲實作事項
- 決定該決定的規格
- 先確認技術上該如何實作

產品負責人應該要準備好如何幫助開發團隊理解欲實作項目，例如可以使用稍早介紹的紙上原型設計，或是畫面草圖也可以，只要是能幫助掌握項目概念的資料都行，而準備這些資料也能確保不會有重大遺漏造成開發團隊停下來。例如使用者操作到一半中斷時該如何處理的相關規格，這些應該在實際開始 Sprint 前決定好。

一旦開發團隊掌握了欲實作項目概念，就能更具體地思考，什麼是實際進行時可能會有問題的，規格是否有什麼模糊不清的地方，或是必須先調查研究的項目等，這些事前準備可以減少 Sprint 期間中的各種小型重工。

Sprint 的準備很重要嗎？

預先做好 Sprint 開始的準備是很重要的，這樣開發團隊就能在 Sprint 期間專注於實作，甚至還能在看到成品後，進一步改善可用性和性能，結果就是更能達成 Sprint 的目標。另外由於已經事前釐清了模糊之處，所以在 Sprint 計劃會議中更容易制定確切的計劃，Sprint 審閱會議中也能花更多時間思考未來，代表速率會更穩定，這些在開發過程中都是非常重要的。

另外，如果準備工作是在 Scrum 團隊內部進行，就能在建構軟體前調整方向，想出更好的辦法或是更容易實作的方法。這就是為何要為 Sprint 做準備，而這些至少要在 Sprint 真正開始之前完成。

Sprint 準備是順利開發的關鍵啊

Sprint 準備應與 Sprint 計劃會議中選定的工作同步進行。一開始往往會優先處理選定的工作，而忽略了準備工作，為避免這種情況，可以設立一個進行準備的事件。Scrum 團隊應該定期開會，產品負責人會傳達下個 Sprint 想實作的項目，並跟大家討論細節。然後會確定開始動手前的必要事項，納入每日工作中，Scrum 團隊則會分工進行，在下次 Sprint 前處理好。其實確定項目細節的活動，也是產品待辦清單維護（精煉）的一部分。

許多 Scrum 團隊會保留大約 10% 的時間，用於產品待辦清單精煉，並納入 Sprint 計劃中。

要有能力在 Sprint 期間做好準備工作啊

我們可以制定一條規則：產品負責人還沒確定規格、或是還沒有紙上原型的項目，不在 Sprint 計劃會議中處理。事前準備就是這麼重要。

產品負責人必須確信下個 Sprint 要實作的項目是準備好可以實作的，還要能將必要事項傳達給開發團隊，開發團隊也要判斷該目標確實可行。這兩件事完成，就做好準備了。

如果準備得當，Sprint 就能順利進行，可以更早發現並處理技術上的問題，這樣更能安心進行之後的開發。這就是為何 Scrum 團隊應該把 Sprint 準備視為日常工作，就算是每天只做一點也可以。

那麼，接著就來看看小僕和他的 Scrum 團隊能否順利開始下一個 Sprint 吧！

原來如此！
咻
嗯

去找 UX 君
討論吧！
難道不能用紙筆
傳達概念嗎？
借我紙筆還有剪
刀吧
欸 !?

上次審閱的
功能是這樣
的感覺，這
裡是按鈕

好棒！這樣就能
確認了！要告訴
開發團隊概念時
應該也能用♪
而且我也擅長
這種工作

當然，
我來幫忙
看來剩下的都
沒問題了
如果小僕能幫忙的
話，應該可以一下
就做完了

為何要做這個功能？

該如何傳達產品待辦清單項目中的目的與背景？

產品負責人的工作中最困難的部分，是為想開發的功能提出假說，並向團隊解釋。如果解釋不符合邏輯，會很難說服開發團隊。

該如何解釋功能的目的與背景？這裡有一些要點。

1. 從更廣闊的視角考慮該對策的目的與背景

對於將著手開發的產品待辦清單項目，是否發現打算要進行時，卻很難向開發團隊解釋？例如可能會說發布這個功能將「增加網站銷售商品的營業額」，這個解釋比較支離破碎，資訊也不充分。其實該功能背後的故事可能是這樣：

- 銷售產品的目標客戶還沒有培養起來
- 今年的業務目標是開發新客戶，擴大本地區的市佔率
- 為了吸引新客戶，要提供友善及方便操作的介面，希望增加商品購買的機會！

重要的是要說明這樣的背景和來龍去脈。

首先寫下利害關係人，並整理他們各自的期望，對於期望更加了解之後，對於其目的「為什麼要做這個功能？」就能更加明確地傳達。

2. 向團隊尋求幫助

產品負責人是產品的最終決策者，只能有一個人。這可能會導致團隊出現瓶頸，因為來不及建立產品待辦清單項目，或是無法維持品質。

發生這種情形時，要勇敢向團隊尋求幫助，像是「需要收集改善方案的點子」、「希望幫忙審閱 KPI 的設計」、「希望能一起幫忙分析」這樣的小事，拜託團隊幫忙可以幫助他們理解產品負責人的想法，使產品負責人更容易說明目的與背景。

大家經常會要產品負責人說明，但增加溝通就能分享擔憂和想法，使團隊能更容易交出成果。

（飯田 意己）

SCENE NO. 21

逐漸接近目標

啊 !? 來不及了……

紙上原型設計似乎廣受好評，
跟大家進行確認也很順利，但此時……

報表功能不太常用，所以就……
這很重要哦，而且我打算在業務部推廣

啊，抱歉…我誤會了

我們可以解決的！
這次不會把程式碼寫爛了
可以再跟開發團隊討論一下嗎？

謝謝大家！

一直朝向目標邁進 !!

對於 Scrum 團隊要達成的目標，因為目標經常會變動，所以要時常確認最新資訊。因此在 Scrum 的 Sprint 審閱會議中，除了看看完成了什麼，也要討論該如何更有效地達成目標。例如討論發布中需要包括什麼內容，或是預測發布日期和確認進度。如有必要，也可以讓利害關係人一同參與，讓大家一同努力實現目標。但如果在進行時發現了一開始沒料到的狀況，而且也知道繼續下去就無法達成目標，此時該怎麼辦呢？

即使錯過目標，Scrum 團隊也要設法接近目標，思考該做什麼才行。

怎樣才能更接近目標？

有兩種方法可以更接近目標。一是改進 Scrum 團隊的工作方式，例如，如果在每日 Scrum 會議中，都能放心地討論任何不安之處，那麼 Sprint 就能進行得更順利。Scrum Master 會找到並消除所有阻礙進展的障礙。

不過其實也不知道這些做法是否會立即奏效，而且也不清楚該做什麼以及能多接近目標。這並不是 Scrum 團隊大幅偏離目標時的特效藥，而是可以每天努力的事情，讓我們能穩步接近目標。

改進工作方式就能穩步接近目標啊

另一種方法是調整一些東西以接近目標，這個方法萬無一失且立即生效，但在開發過程中，能調整的事項也就只有以下四件事。應該要調整哪些？

品質是指發布時需要滿足的各種條件。例如，正在開發的軟體是用來預測公司銷售情況的，所以金額計算絕對不能出錯，或是軟體必須由專家檢查確保能防止非法入侵。其實，品質是無法調整的。

因為要實際提供給其他人使用，所以要有一定的品質，而同一套軟體的不同部分有不同的品質好壞，是很奇怪的事。如果某項功能只有某些人會用，也許可以稍作調整，但也可能會產生其他負面影響，所以說，無法在進行到一半時進行調整降低整體品質。

其實品質該如何處理是在開發前就已經決定的，不應該為了 Scrum 團隊的方便而犧牲品質。

品質要維持一定，
所以不是可以調整的項目啊

那預算呢？預算是用於支付 Scrum 團隊的人事費用，或是建構和營運開發環境及正式環境，總之就是跟錢有關。根據實際狀況，可能會有追加的費用，這些額外預算對於有立即性的行動對策是很有效的，例如可以用來排除尚未解決的障礙，像是給開發團隊成員更快的電腦或是能專注的工作空間。不過用預算增加 Scrum 團隊人數就不是一個立即見效的措施，新人需要時間適應 Scrum，才能作為 Scrum 團隊的一份子與大家一起工作。

而且，一般也不會因為開發遇到一些瓶頸就立刻追加預算。等到真的不得已的時候，往往會得到「先要得到提供預算的業務部長的許可，然後還要在高層會議上解釋為何要追加預算，會議應該是下個月」這樣的答案。當真正有需要時，預算是很難調整的。

感覺期間可以稍微調一下

那麼開發期間呢？開發期間可能取決於其他人的期望發布日期，如果延後發布日期，就有更多時間可以開發。但如果發布日期很重要時就很難調整，譬如可能要參加展覽。如果發布日期比較不重要，那麼也是可以延期，但不能一直這麼做，也要考慮延期的預算問題。期間可以稍微調整，但大幅變動並不容易。

但就算是要改變範圍，應該也不太容易吧

那範圍（scope，亦譯範疇）呢？這是最後的希望了。範圍就是發布的產品中要包含的東西。這取決於，在產品待辦清單的欲實作項目中，我們想要做什麼，以及做到什麼程度。譬如業務支援系統至少應該要實作記錄每日報告、管理客戶資訊及分享業務會談狀況的功能，並納入發布的範圍。

當然，大家可能也有其他想放進發布的項目，但有些應該也是可以刪減的。可以多看幾次產品待辦清單，就會發現某些只是隨意想到的點子，或是不做也沒關係的項目。看是要直接刪除，或是移到清單底部，等有空的時候再做。雖然會希望在發布版本中實作所有內容，但最重要的是要達成目標。

要決定不實作什麼，也不是那麼容易呢

那如果想要達成的就是「維護範圍」呢？這種情況下通常很難調整品質、預算及期間。什麼都不能調整的開發本來就很難，不管有沒有 Scrum 都很難。

但即便是這種情況，最先調整的就是範圍。你想實現的目標真的是為了維護範圍嗎？一開始決定的軟體和文件都還在嗎？你真正想達成的應該還有別的吧。最開始所決定的範圍，是假定只要這些都湊齊了就能夠達成目標，所以只要能達成目標，用別的方法也可以。這也是一種調整範圍的方式，不是只能從產品待辦清單中刪除不實作的項目。

除了審視調整項目順序外，
還有其他調整範圍的方法嗎？

如果很難刪減不實作項目來調整範圍，那麼也可以試著調整實作強度。雖然無法提供一開始設想的功能，但還是可以看看是否有其他比較簡單的實作方式作為替代。當然如果是作為特點的功能大概有困難，但其他不是那麼重要的，就可以用比較簡單的方式來實作，這也是一種調整範圍的方式。

例如原先設想的可能是便於輸入必要資訊的輸入輔助功能，或是設計精美的輸入畫面，但就算是簡化版的畫面也是可以輸入必要資訊的。如果這樣就足夠的話，就能減少實作的工作量。

調整實作的方式也是一種範圍調整啊

調整實作方式比調整產品待辦清單的項目本身還更費事，如果要調幾十點，就必須調整一堆項目的實作方式，還得充分了解產品待辦清單的內容。

雖然比較費事，但這是 Scrum 團隊最容易做出的調整，也不太需要與 Scrum 團隊外的人進行協調。只要了解想達成的事項，就會有很多方式可以實作，從這個地方就能看出 Scrum 團隊的功力。

沒有人會願意勉強堅守一開始的決定，而且也不喜歡最後結果是破爛不堪的。既然如此，可以嘗試用其他手段來實現目標。

**調整實作方式對 Scrum 團隊來說
也是比較容易的做法啊**

要達成目標並不容易，過程中可能會發生問題，而且目標也不斷變化。

我們得持續確認目標現在位於何處，以及 Scrum 團隊是否有向著目標前進。這就是為何 Sprint 審閱會議中，不僅要看到成品示範，還包括要討論如何共同努力以實現未來的目標。先確認周遭狀況變化，討論目前實現目標的進度及下一步要做什麼，並反映在產品待辦清單中，然後調整該如何實作，改變產品待辦清單，使其更適合實現目標。這就是為何要在必要時邀請利害關係人一起參加 Sprint 審閱會議，因為與其他人合作很重要。

我們還要確保 Scrum 團隊是持續朝著目標前進的，要做到這點，唯一的方法就是讓 Scrum 團隊做得比現在更好，或是調整某些東西，但這些都無法在短時間內讓我們更接近目標。而且調整是很需要時間和勞力的，當 Scrum 團隊的狀況比較嚴峻時，很難同時調整很多東西，為了避免此種情況，請始終朝向目標前進，這樣，Scrum 團隊就會達到預期的目標。

那麼，接著就來看看小僕和他的 Scrum 團隊能否達到預期目標吧！

本來是打算在畫面上即時產生報告，不過……
各位，很抱歉……
可以不做畫面，改成定期產生報告來代替

這樣不會影響業務，而且估算也降到了 2 點
太感謝了～

只能到這裡
不過這樣還是超過 2 點耶……

這個功能的話，畫面可以簡單一點，就像這樣，輸入輔助的部分做到最低限度
裡面內容就不動，這是 A 案；然後 B 案是……

原來如此！ A 案好了，這樣就很夠了
其實我還想再減少 1 點

沒關係，只有一些，就加班一下吧
我們也想做出好的東西
當然有先跟大家確認過不會太勉強，沒關係的！
被看穿了……
好的

真的很感謝大家
不不，大家互相幫忙

利用社群活動進行團隊建設

參加社群活動，聽聽不同團隊的故事。

「開發已經告一段落，接下來想要團隊能輸出穩定的結果，要來試試看 Scrum 嗎？」

我們的 Scrum 就是這樣開始的，但最初並不順利。每日 Scrum 會議中不存在重新規劃，回顧檢討也討論不出具體行動，「這樣進行團隊開發可以嗎？」我一直很擔心。團隊建設（team building）是擺脫這種不順利狀態的關鍵，這裡介紹我們團隊實際做過的一些事情及其要點。

起初我和團隊分享了我對目前事情進展不順的感受，這是要創造一個場合，讓團隊成員能有時間談論他們的感受。這裡的重點是**建立「我們可以做得更好」的共識**。

只要團隊能認知到可以做得更好，就是學習的時候了。我們整個團隊都去參加了 Regional Scrum Gathering Tokyo（RSGT），這是日本最大的 Scrum 實踐者會議，是從身邊的一位 Scrum 實踐者那裡知道的。參加這個活動的目的是為了讓大家了解其他團隊的工作情況。這裡的重點是，要**致力為所有團隊成員創造一個場合，與不同團隊的人交談**。聆聽各個團隊的故事可以帶來刺激，讓我們能更容易談論團隊的目標。

學習之後，就該進行回顧與反思了。活動結束後，我們盡快進行了回顧，並讓大家有充足時間交談，我們談論了這次活動及交談過的團隊，以及要把團隊帶往何方的目標。此處重點是，**達成團隊目標的共識**。

而一旦目標確定，就決定下一步行動。此處重點是要**選擇具體、可立即實施的行動**。我們開始嘗試模仿我們在 RSGT 遇到的團隊的各種做法或技巧，此時我們對目標已有共識，所以各個成員的行為都會朝著這個方向，使團隊有可能取得很大進步。還有一點會很不同，因為所有成員都與不同的團隊聊過，所以現在就可以討論「如果是這個團隊的話會怎麼做」。

我們的團隊建設透過這種方式得到了社群的幫助，如果你的團隊遇到煩惱，何不考慮**讓團隊一起參與社群活動**，創造共同的經歷？

（太田 陽祐）

SCENE NO. 22

應對各種情況

我不擅長這項工作……

開發終於進入尾聲了，Sprint 計劃內容也很令人放心，
但能否順利發布呢，感覺很微妙……

昨天下午開始做這個，途中就噴出錯誤，無法運作……

以前沒實作過無畫面的處理作業，所以還在奮戰，可是又得用這個方式調整範圍……

一起努力渡過難關!!

在 Scrum 中，對開發團隊的期許是能自我組織以及跨職能。簡而言之，即使目標有些變化，開發團隊這群人也能應對，並在時間內完成。如果在工作中遇到問題，他們也會自己解決。他們會主動思考，不用別人告訴他們該做什麼，而這個團隊也擁有建構軟體所需的所有技能，可以順利進行工作。這樣的開發團隊是否只由最優秀的人組成？開發團隊是否得由這樣的人組成才能發揮 Scrum 的作用？其實這是很大的誤解，來想想原因吧！

該有個可靠的領導者嗎？

首先考慮關於自我組織的問題。自我組織是指自己根據狀況決定擔任什麼角色。

一般來說，如果在某項專案被任命帶領開發，那麼除非職務異動或是專案結束，不然通常會一直擔任領導者。在擔任領導者時，會在各種情況下發揮領導能力，進行各種協商並作出判斷。但有時候遇到的狀況是，無法靠自己擅長的領域技能解決問題，而是做一些不擅長的事情。對於這各種狀況，難道沒有其他人能發揮領導能力或擅長解決該問題的嗎？

嗯，這表示不該有個領導者嗎？

開發過程中會遇到各種狀況，有時是與產品負責人討論實際使用者，有時是討論設計的方向，有時也會決定該用哪個函式庫，或是仔細檢查會議記錄和手冊是否有錯誤。因此如果能在當下由最能發揮能力的人來帶領團隊，不就能越過各種障礙了嗎？一個開發團隊若能自然而然做到此點，就是所謂的自我組織開發團隊。

只要有人能根據情況
發揮領導作用就夠了嗎？

在 Scrum 中，必須在一個 Sprint 期間做很多事情，從詢問實現目標開始，然後完成軟體、示範、獲得回饋意見，然後整理出之後的事項。從確定需求和制定規格，到設計、實作、測試，這些通通都要作。過程中會分析使用者，設計資料庫，還有設計畫面，這需要開發團隊中每個人的參與，但沒有一個人擁有所有這些技能，不能只依賴一個人。另外，一個跨職能的開發團隊並不代表每個人都具備完美完成所有工作的技能。

嗯 !? 什麼意思？

跨職能意味著光靠開發團隊就能讓 Sprint 穩步向前，只要整個開發團隊（而不僅僅是一個人）能夠共同完成 Sprint 所需的各種事情，這樣就很足夠了。

但若整個開發團隊皆由從未寫過程式的新人組成，那就什麼都做不成了。反之就算開發團隊再多人，如果都只擅長程式設計也行不通，因為還必須與產品負責人溝通，也必須考慮到使用者以及之後開發的方向。

不能讓這些事更容易理解嗎？

如果你不知道開發團隊是否有順利開發所需的技能和經驗，或是根本就不知道誰擅長什麼，那就先做一張技能表。只要簡單的表格就可以了，例如下面這樣。

先列出你認為順利進行所需的技能及知識。程式語言很重要，使用的中介軟體（middleware）和開發環境的作業系統也很重要；有 Scrum 的經驗，或 TDD、結對程式設計（pair programming）、群體程式設計（mob programming）等經驗也不錯；再來是需求定義或設計的經驗、開發狀況說明、善於與他人協調等，也都是重要的技能。寫完了這些，就可以填入每位開發成員的狀況，例如「擅長到可以教學」、「擅長」、「有經驗」、「無經驗」等。

	Java	Infra	Scrum	TDD	說明	...
	有經驗	有經驗	無經驗	無經驗	擅長	...
	擅長	擅長	無經驗	無經驗	無經驗	...
	有經驗	有經驗	無經驗	無經驗	有經驗	...
・・・						...

這樣就能看到開發團隊每個人擅長與否的各是什麼，特別是當開發團隊人數少時，對每個人的要求可能都很高，可以先討論整個開發團隊的技能和經驗是否足以實現期待的目標。如果實現目標所需的最低技能不足或是嚴重偏某個方向，就要與 Scrum 團隊之外的相關人士討論這個問題。

要先了解開發團隊有哪些技能啊

這裡的關鍵是要確定，作為開發團隊，在何種狀況下可以做什麼。這不僅是技能的問題，思維方式、經驗、擅長何種工作等，這些也都很重要。開發過程中會遇到各種不同情況，例如有時全員都要寫文件，如果有個成員能仔細檢查錯字或錯誤，會令人很放心。當其他人都專注在實作困難功能時，如果有個細心的成員願意多看一下其他東西，也是很有價值的。了解彼此個性和優缺點可以幫助開發團隊克服各種情況。譬如可以討論下面這些事情，這稱為杜拉克式練習（The Drucker Exercise），旨在了解團隊特長。

- 之前在做什麼開發，擅長的是什麼？
- 是如何進行工作的？
- 看重的價值是什麼？
- 可以怎麼做出貢獻？

這樣可以知道在何種情況下誰能發揮力量，以及哪些部分可以放心進行工作。

先讓大家能克服各種不同狀況啊

當然我們不可能都只做自己擅長的工作，一個人能夠做的事情也是有限的，你可能會突然間才發現自己被大量工作壓得喘不過氣來，也可能某天突然有人離開團隊，這就是為什麼開發團隊總是要大家一起協力進行工作。對於不擅長的工作，擔心能不能幫得上忙嗎？但提供協助就是個能學到很多東西的機會。一開始可能無法順利進行，但就先和擅長的人一起工作看看，能從中學到需要知道以及需要注意的事情，然後進行工作。隨著開發團隊的程度越來越接近，對於不同的話題就能好好進行討論，這是改善開發團隊的一個好方法。

每個人都只做自己擅長的工作是不行的啊

Scrum 想要的開發團隊是一個可以彼此協助進行工作的團隊，不會說「我只有負責這個」。建構軟體是一項非常困難的任務，所以要結合大家的經驗和優勢。

隨著開發進行，會一次又一次遇到困難的問題，即使是這種情況，工作也要穩步向前。為此，有一件事情一定要做到。

如果有人遇到困難，其他人會來幫忙。那種情況下再去想自己不擅長，或者自己的角色為何，都為時已晚。能做到這點比開發團隊每個人都很優秀還來得重要。遇到任何情況都可以立刻找人討論，如果是不好的情況也可以一起努力克服，這才是一個優秀開發團隊的本質，從外面看起來，應該是一群很擅長工作的群體。

那麼，接著就來看看小僕和開發團隊能否共同克服這種情況吧！

批次君!?
是…是……

我知道我對工作不熟，一直在拖大家後腿
其…其實我比較擅長寫定期批次處理

這對我們很有幫助哦！批次君，謝謝！！
我想說大家是不是都知道…抱歉沒有告訴大家
在之前的團隊做了不少自動化處理，所以還算有信心…
吞吞吐吐…

這樣很厲害啊，批次君
不愧是批次君
一下子就解決了…根本沒出場機會啊
好耶！來吧來吧
下午就一起來開發吧！
這樣我也可以學到東西

大家集中在一起完成任務的 Swarming

利用共同分擔和 Swarming，有效率地完成工作！

Swarming（有蜂擁、群集合作、蜂擁群移合作等譯法）是指多人一起進行同一個產品待辦清單項目。人們常常覺得，大家分頭同時進行不同工作會更有效率，但 Swarming 的好處是：

- 縮短完成時間
- 減少重工
- 進行知識轉移

等幾點。

假設有一個三人團隊，大家共同分擔工作，大家都在處理不同的產品待辦清單項目。如果有一個人完成工作時發現一個問題，而且會影響到所有功能，那麼所有同時進行的產品待辦清單項目都會被退回進行重工。而在同樣的情況下，如果不分割工作而以 Swarming 方式進行，那麼一旦出現問題，可以將重工的成本降到最低。透過減少同時進行的工作數量，縮短完成任務所需時間，可以減少重工並確保工作完成。

另外，在開發團隊中，團隊的開發流程很容易被「只有〇〇知道這個」這種工作變成某人專屬的情形打斷，而 Swarming 的方式可以讓多名成員同時進行同樣的工作，從而達成知識轉移。這也是一種有效轉移知識的好方法，因為這個方式讓我們可以傳達只有透過共同經驗才能傳達的技巧和技能知識（know-how）。

最近很流行一種群體程式設計（mob programming）的開發方式，是指整個團隊聚在一起，在同一時間、同一地點、同一電腦進行同一個工作。所有團隊成員都看著同樣的螢幕，討論和分享各自的智慧和決定，由一個人代表輸入，大家也隨著工作進行輪流負責輸入。跟 Swarming 很像對吧？當然，分擔工作並無不妥，如果能根據工作和團隊狀況，適時使用工作分擔和 Swarming，就能更有效率的進行工作。

（及部 敬雄）

◀ 群體程式設計的樣子

SCENE NO.

23

做出更可靠的判斷

可以做到這麼多，對吧 !?

因為有大家彼此協助一同進行，Sprint 進行得比以往都順利，然後這是某天早上的事情。

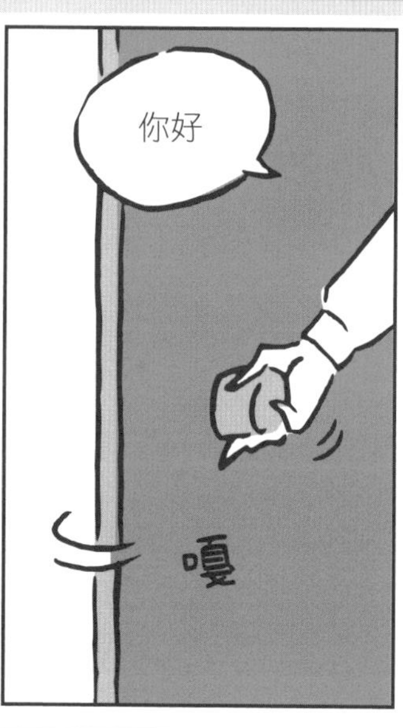

最後…之前跟 PO 在協調的「按照區域顯示顧客列表」功能，確認在這個版本可以不用放進去哦！
哦～！

等等，你在說什麼？
終於要發行了，耶
哇
部長？
糟糕……

你是說過不想放進這版，但還是可以做到的吧！

用了結對程式設計進度就會變成兩人份對吧？
就是那個，兩個人一起做的那個
結對程式設計？
對對！
等等……

啊，如果你和你分頭進行，感覺會更快

不不，這樣會有問題……
請等一下！

從錯誤中學到更多

在以 Scrum 為代表的敏捷開發中，很重視承諾（commitment）這樣的價值觀。承諾是一種伴隨著責任的約定，在 Scrum 中，承諾也會出現在許多地方。例如每日 Scrum 會議是為了開發團隊舉辦的事件，是要讓開發團隊能表達對目標達成的承諾，所以沒有其他人可以干涉。一般常用「雞與豬」的比喻來說明。

開發團隊有責任和義務盡其所能達成 Sprint 的目標，所以每日 Scrum 會議是用來發現問題並重新制定計劃以達成 Sprint 目標的。在會議中，沒有實際參與工作的人的發言，只能作為參考意見。而在 Scrum 中，還有其他機會來表達這些承諾，以下是典型的例子。

- 本次 Sprint 要實現多少項目？
- 下一個 Sprint 中，工作方式上是否可以改進什麼？

沒有實際參與工作的人的意見就當作參考啊

我們以這種方式尊重 Scrum 團隊的意見是有理由的。進行開發時需要做出各種判斷，只有實際進行工作的 Scrum 團隊才能正確做出判斷，因為若沒有來自實際現場的各種資訊，是無法做出適當判斷的。像業務狀態、所屬組織狀況、需求和規格的決策狀態，以及成員狀況等，這些資訊都匯集在 Scrum 團隊工作現場。因此若 Scrum 團隊能快速準確地判斷，對開發進行來說會非常鼓舞人心。

起初可能會發現很難做出正確判斷，這是因為進行開發時要做出正確判斷需要有負責任的機制。為了幫助大家做出判斷，Scrum 提供許多表達承諾的機會，這種反覆進行承諾的方式，有助於培養責任感。如果我們自己決定要做這件事，就會有堅定的意識去達成，我們希望這就是一個承擔責任的契機。敏捷開發，如 Scrum，希望每個人都能對自己的工作負責，因為我們相信若每個人都以這種態度對待工作，可以帶來更好的成果。

對自己的工作負責是很重要的啊

然而承諾也有不那麼好的一面，就是當你把自己逼太緊而無法履行承諾時。例如一心只想完成 Sprint 計劃中承諾的所有項目，可能會無意識地寫出大量難以處理的程式碼，而 Scrum 團隊自己也會筋疲力盡。此外也可能會被迫做出承諾：即使開發團隊判斷只能做這麼多，但其他人可能會施壓說「不，還可以做更多，不然會很麻煩啊」。這並不代表我們有負起責任，畢竟做出這樣的承諾是沒有意義的，拒絕做不到的事情也是負責任的表現。

承諾並不表示必定要達成或是勉強信守，而是要盡最大努力去做好。因此我們希望的只是能承諾對所要求的事情負起責任去進行。

但如何才能確保會履行承諾呢？

首先應該要能夠承諾會負起責任，還必須對此充滿信心。沒有足夠信心去做就隨便承諾是不行的。當然一開始可能會有困難，但最初犯錯也無妨，這樣可以判斷自己是否做得到。如果判斷有誤，可以思考為什麼是錯的，然後就能利用這次的經驗，在下一次做出自信的判斷。

在 Scrum 中，這樣的機會會不斷頻繁出現，每天都要判斷今天是否能完成此項任務，是否能以這個節奏守住目標等，或是判斷在 Sprint 內可能可以完成多少項目。

一開始一直失敗，會不會很糟糕呢？

重要的是要從失敗中學習。隨著開發的進行，小失敗也可能會發展成大問題，但如果只是幾個 Sprint，即使犯了一些錯誤也還能挽回。為了多多學習，犯錯是必不可少的，在一個又一個 Sprint 的過程中，學到的經驗就能活用在之後的 Sprint。

要做到這一點，就得允許有一定程度的失敗，如果有人說絕對不允許失敗，那就只會一直想著不能失敗，這樣無法學到任何東西，Scrum 團隊也無法成長。

Scrum 團隊的能力在經過一段時間之後，不應該還跟剛成立的時候一樣，因為隨著開發進行，難度越來越高，會確定越來越多的規格，撰寫越來越多的程式碼。團隊必須要成長，才不會被一堆東西壓垮，不重視成長是非常危險的。

要從失敗中學習並成長啊

關於開發的重要判斷，只能由 Scrum 團隊來做，其他人無法根據各種狀況及最新資訊來做出判斷。但這種方式並非一開始就能很順利，要從失敗中學習，然後越來越能做出判斷。

不要害怕失敗，即使失敗，也不是什麼大問題，不過就是稍微估錯任務的工時，或是幾個 Sprint 預測錯而已。而在 Scrum 團隊的早期，錯誤是一定會發生的，也都可以事後挽救，重要的是從錯誤中學習並成長，不成長的 Scrum 團隊在未來也無法好好進行開發。讓我們將失敗化做成功的養分，確保不會再犯同樣的錯誤。

當 Scrum 團隊變得更有自信時，對很多事情都會產生積極的影響，會更積極地對待工作，成品也會更好，承諾就是為此許下。而且我們將為自己的決策負責，按照決策積極地進行工作，但請記住，在不允許失敗的環境中，這可能反而會產生負面影響。

Scrum 想追求的並非是必定能履行承諾的 Scrum 團隊，而是一個重視承擔責任進行工作的 Scrum 團隊，讓我們逐步建立這樣的 Scrum 團隊。

要逐步建構，
讓大家願意承擔責任進行工作啊

那麼，接著就來看看小僕和他的 Scrum 團隊能否自信地做出判讀吧！

不是這樣的
哦，部長的
判斷是錯的
我也這麼
認為
欸……

因為兩個人來
做反而還更困
難呢
開發團隊全員負
起責任做出這個
判斷

但是 Scrum 不就是要盡
量想辦法做到嗎？剛剛
那個功能不放進發布也
沒問題嗎？

是的
沒有問題
連新人都
這樣……

沒關係的，
部長
連…連小君都
這麼說

如果這是小君的
判斷那就……
不是，這是業
務部的判斷

這件事已經得到業務部長的許可，而且也對整個業務部門做過調查了

這樣就不用擔心了吧？
嗯好吧，那就這樣

好，開始今天的工作吧～
小僕……
？

大家都這麼清楚地表達意見
啊
是不是傷到部長了……
這個 Scrum 團隊跟工作環境都還算不錯

很棒哦 !!
嗯…百感交集，都想哭了……

SCENE NO. 24

處理要在發布前進行的工作

還有什麼事情沒做完嗎？

第一個發布版本要的東西都好了，但應該還有一些沒做完的事情，能順利結束嗎？

不要拖延 !!

雖然是採用 Scrum，但發布前要做的事並不會改變，仍然得從各種角度進行測試，確認性能，撰寫必要的文件，也可能要遵循一些內部程序，這些必要工作需要在發布前完成。至今我們一直以 Sprint 的方式開發產品，逐一判斷功能是否可以發布並且完成它，但在發布前一定還有其他必要工作，怎樣才能完成呢？

發布前的必要工作？
我以為在每次 Sprint 中就逐漸完成了……

首先考慮在發布前有何必要工作。至今 Scrum 團隊已在各個 Sprint 實作了產品待辦清單的項目，所做的一切也都符合完成的定義，但其實它們還不是真正的完成，因為完成的定義只是為了在 Scrum 團隊中統一大家對結束的認知。所謂真正的完成，就是要滿足發布標準，例如準備好所需的文件，通過驗收測試，確認沒有安全或性能問題等。發布標準與完成的定義之間的差距，就是在發布前需進行的工作，而且必須在發布前完成。

- 發布所需的工作 = 滿足發布的標準 − 完成的定義

例如，測試程式碼可能都寫完了，但在 Sprint 中並沒有完成與其他系統的整合測試和準正式環境測試。在 Sprint 中可以撰寫簡單的文件並包括在完成的定義中，但在發布前可能還是需要更詳細的內容。若是這種情形，那就必須要去完成，這就是發布所需的工作。

是要滿足發布標準的必要工作啊

那麼何時要進行這項工作呢？以例子來說明。如果是整理必要文件，有些 Scrum 團隊會列入完成的定義並在 Sprint 中撰寫，而有些團隊則視為產品待辦清單的一個項目，協調何時要寫、寫到什麼程度。還有人會每隔幾個 Sprint 確認一次性能，畢竟很難每個 Sprint 都做；如果有需要處理的就加入產品待辦清單。換句話說，就是可以自己決定何時進行，只要能在發布前完成必要工作，都可以按照自己覺得合適的方式處理。

只要以自己覺得適合的方式
做完發布必要工作就好了啊

例如剛開始使用 Scrum 的團隊常會採用發布 Sprint（Release Sprint），在通常的 Sprint 結束後用一段時間來處理發布所需工作。這段期間與普通的 Sprint 不同，並沒有具體的做法，只是稱為發布 Sprint，視情況也可以不用舉行 Scrum 事件。

例如下面這種做法如何？首先弄清楚需要做多少工作，Scrum 團隊大家一起決定要完成的工作，當然也要做估算，這裡 Sprint 計劃的經驗就派上用場了。一旦有了估算，就可以了解發布 Sprint 要進行多久。到底多久才適合，會根據每個地方的情況而有很大差異，但最多大概就是 2 到 3 個 Sprint。如果超過這個長度，就表示在選定的工作中，有一些可以在普通的 Sprint 中完成。如果預計發布日期難以調整，那麼應該提前把發布 Sprint 的時間也考慮進去，不過要想準確判斷需要的期間，還是要等開發進行了一定程度之後才有辦法。在開發之前或之初，我們作為 Scrum 團隊的表現還沒有很好，也沒有太多一起工作的經驗，所以最初得先確認彼此對需完成工作和估算的認知是一致的。

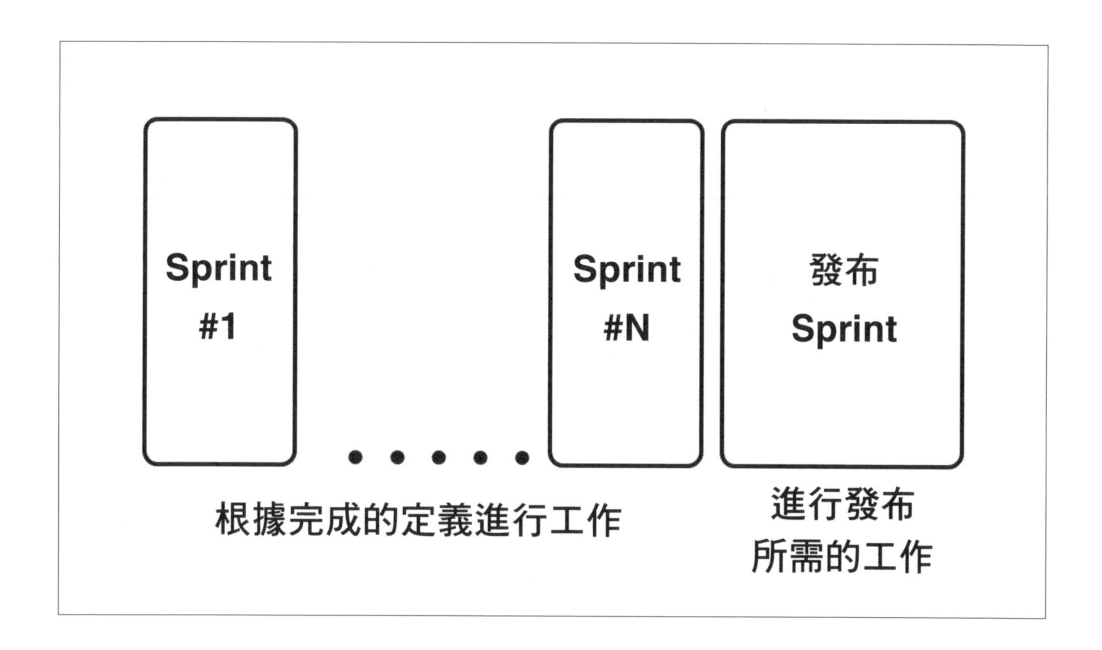

那麼該如何進行選定的工作呢？就是在期間內完成而已，也可以採用每日 Scrum 會議、任務板或燃盡圖。此時所剩時間不多，所以如果發現什麼問題，要比以前更迅速處理。就這樣進行並完成所有必要工作，這就是發布 Sprint 的所有工作。

在發布 Sprint 中，
要處理發布需要但還沒做完的事情啊

但發布 Sprint 也有一些缺點。在發布前做一些與平常不同的事情總是有風險的，譬如嘗試在正式環境執行時看到從未見過的錯誤，或是真實資料可能包括一些測試資料沒想過的東西等各種狀況。為了避免接近發布時遇到麻煩，應該儘早驗證資料，如果想說是發布必要工作就往後拖延，並非好的做法，這樣只是忽視風險並讓問題變得更大，甚至 Scrum 團隊迄今所做的所有努力可能會瞬間化為泡影。即使要採用發布 Sprint，也盡量不要把工作留在發布 Sprint 才做。

就是要盡量做到即使沒有
發布 Sprint 也沒問題啊

Scrum 在每個 Sprint 都會提供可判斷是否能發布的東西，這樣即使突然要發布，也可以立刻處理。也有一些 Scrum 團隊能做到在每個 Sprint 都進行發布，對於這樣的 Scrum 團隊來說，完成的定義包括所有東西，例如充分測試、發布公告告知使用者有何差異等，都在其中。

能做到這樣的 Scrum 團隊不多，但至少能先做的事就不要拖到發布 Sprint，減少發布的風險。

能做的事情就盡量不要拖延啊

要做到這點，一個好的方式就是擴展完成的定義。Scrum 團隊經歷各個 Sprint 會逐漸成長，所以 Sprint 中能做的事情也會逐漸增多。不用一次把太多事情放進完成的定義，但可以在覺得做得到的時候新增。可以利用 Sprint 回顧等時間討論如何增加測試範圍之類的議題。

然後就是要盡快處理任何事情。在 Scrum 中，我們盡快進行所關心的事情，不要將發布 Sprint 當作藉口來拖延該做的事情，這只是忽略了已知的風險。在發布 Sprint 中，總是可以偶然發現那些被遺忘的東西。

把所有東西都留到
發布 Sprint 並不是好主意啊

那麼，接著就來看看小僕和他的 Scrum 團隊能否處理好發布所需的工作吧！

噠噠…
太好了！我的部分的測試全都OK了！
太好了
又是到晚上 11 點…這樣沒問題嗎？

好…好…我知道了，文件 OK 嗎 !? 非常謝謝
太棒了 !!

明天開始要在業務部進行的試運行，剛剛也準備好了
這…表示 !?

太好了 !! 結束了 !!
雖然已經半夜兩點了……

那個，現在可以老實說了，一開始說要 Scrum 的時候，其實很懷疑
我懂 我懂

希望業務部的人會很開心～
不過很有趣呢
現在每個人都會寫測試程式碼了
感覺下次可以做得更好
對啊 !! 雖然很累
來收拾一下吧
Scrum Boot Camp

對啊
那個果然是很難耶～
你有看到部長那時候的表情嗎？
嘿，這還只是第一個發布版本啊，難搞的還在後頭呢
好～
Scrum Boot Camp

謝謝請客 !!
好，今天的宵夜我請客
Scrum Boot Camp

Scrum Boot Camp

Scrum Boot Camp
啪噠……

SCENE NO. 25

實踐篇未能傳達的事

現在才要開始 !?

過了幾週後……感謝大家，發布以來沒什麼問題，
評價也很好。大家都在做什麼呢？

感謝各位讀到最後

感謝各位讀到這裡，至此已經說完進行 Scrum 的方式了。雖然 Scrum 非常簡單，但你可能還在煩惱該如何運用在實際工作中，不過即使是像小僕這樣初次接觸的 Scrum 團隊，也能獲得成果。當然與漫畫不同的是，實際的工作環境更為複雜與困難，但我們在自己的工作環境所做的事，其實也沒那麼不同。

觀察實際的工作環境，會發現不是所有的開發體制和狀況都像本書中那麼簡單，有很多開發都是在更複雜的體制和狀況下進行的，很多人會煩惱該如何在自己的工作環境中進行，我們也常被問到「遇到這種情況時該怎麼辦？」。來看一些最常問的問題。

- 多人數的開發
- 分布在各處的開發

如果有許多人一起開發，可以採用 Scrum 嗎？專案越大就需要越多人開發，但 Scrum 適合的規模是 3 ～ 9 人的小團隊。

如果有開發人數更多的話該如何是好？最常見的方法就是多個開發團隊一起進行，每個團隊都有自己的 Scrum Master，但會有一個單一的產品負責人，確保決策的明確性，當然產品待辦清單也只有一份。之後每個開發團隊就按照一般 Scrum 的做法，逐一實作完成各項目。

產品規模越大，產品待辦清單往往也很巨大，如果只有產品負責人一個人的話，會很難管理及做出各種判斷，因此通常還會有專門的體制來支援。另外也會有橫跨多個開發團隊、關於整體開發的各種話題和問題，以及過程中需要與其他開發團隊協調的需要，因此還有個 Scrum of Scrums 的事件。各開發團隊每天結束「每日 Scrum 會議」之後，會派代表聚在一起，檢查整體是否有進行得不順之處。這種做法和思維，和普通的每日 Scrum 會議是一樣的。

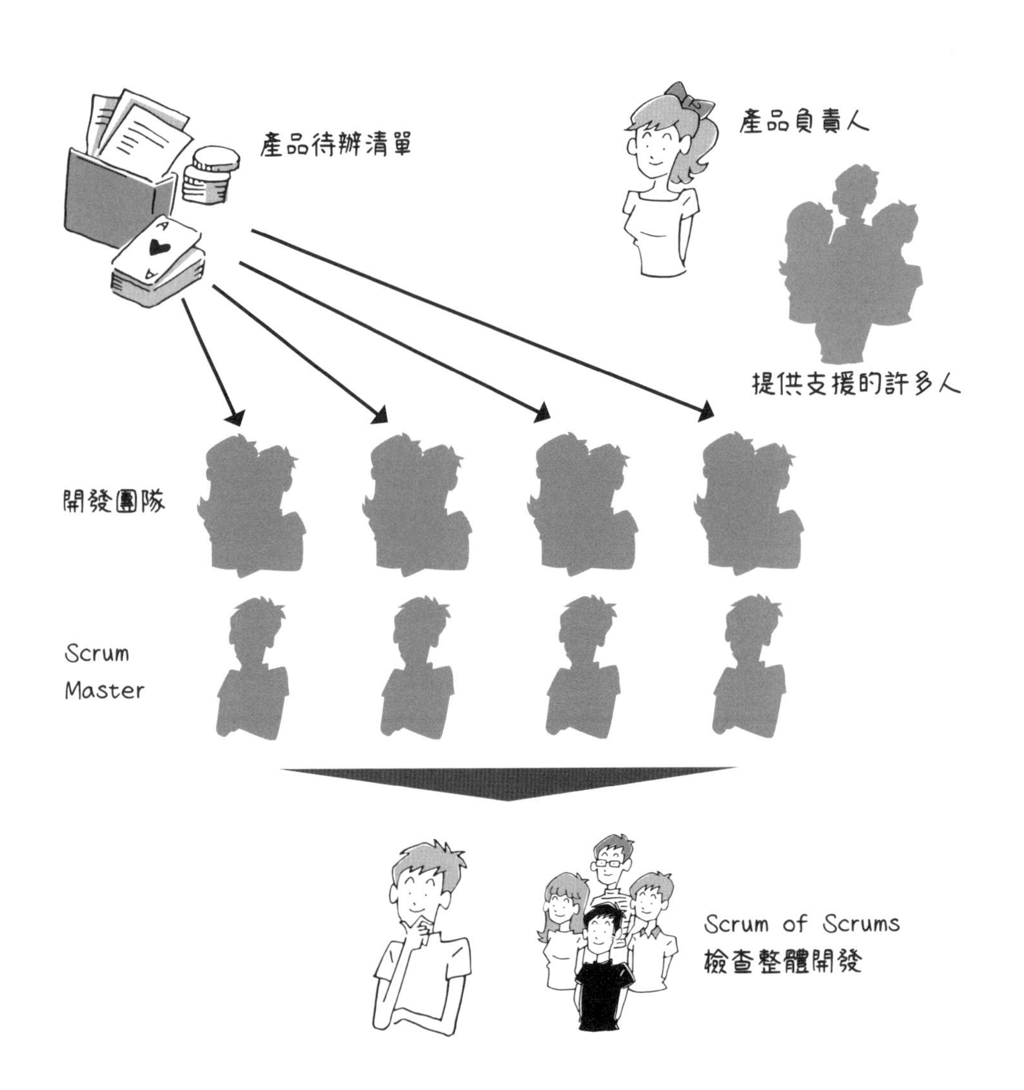

與少人數的開發相比，多人數的開發處理的問題規模和數量都是不同數量級的，還需要頻繁確認整體進行狀況如何並進行處置。因此採用這種方式的話，就允許多個開發團隊以一般的 Scrum 獨立進行開發。而為了彌補不足之處，增加了一個事件來檢查整體狀況，有需要的話也可以追加解決問題或分享學習之類的事件。

不過前提是每個開發團隊都很習慣 Scrum 的做法，至少開發團隊要能解決自己內部的問題，否則會同時有開發團隊自己的和整體的大量問題，多人數開發就無法順利進行。

能進行 Scrum 的開發團隊並不多……

如果習慣 Scrum 的開發團隊沒有很多，最好不要以此進行多人數開發。但如果用 Scrum 還是有正面效益，那麼可以採用的方式就是讓開發團隊先自行解決問題。

像下面這個做法如何？先用習慣的方式進行到一定程度，在此期間盡可能加入一些 Scrum 的做法，練習解決問題。譬如可以從召開每日 Scrum 會議儘早發現問題開始，或是試著自己制定一週的工作計劃，或者定期回顧自己的工作方式也是一個好的做法。然後在某個時間點切到 Scrum，此時已經有一些成品，而且因為初期採用習慣的做法，所以整體要處理的問題也較少、更容易處理，這樣應該各個開發團隊也都能解決自己的問題了。

這麼一來，就可能獲得其他人所期望的 Scrum 的一些好處，但如果沒有充分利用有限的練習期間，那麼切換到 Scrum 時就可能會無法順利進行開發，這個缺點也要多加注意。必須要先提前計劃如何習慣開發方式，並且好好進行。

那分散式開發呢？
有辦法跟遙遠據點的人好好共同工作嗎？

有些情況是有成員遠距工作，或大家分散在不同據點進行開發，會遇到各種相距較遠的特有問題，例如溝通問題時較不順暢，或較不清楚另一邊的情形。這些都是典型的問題，用 Scrum 也無法解決，要根據自己的環境和狀況處理。

例如產品負責人可能要每週去一次其他開發據點，或是使用大型螢幕和攝影機，與別的據點全天視訊音訊連線。在討論時除了使用視訊通話，也可以搭配通訊軟體，並使用文字和反應（表情符號）來彌補聽不清楚或難以傳達的部分。

但要與未曾謀面的人一起組成 Scrum 團隊是很困難的，而要與長相和名字都不太清楚的人一起協力開發則是不可能的，所以先在同一個地點一起開發一段時間。一旦大家都能理解如何以 Scrum 協力開發，那麼就算相距很遠也能協同工作。有些 Scrum 團隊就是採用這種方式，而且進行得很順利。

並不是用了 Scrum 就會一帆風順啊？

一開始就要解決困難問題是很辛苦的，一下子冒出這麼多問題，會壓得人喘不過氣來。最好一開始先從成員都在一起、只有一個 Scrum 團隊這樣的規模開始進行。雖說全員都在一起也不見得能順利進行，但如果是涉及更困難的開發，還得加倍努力才行。

也許像小僕他們這樣的開發，也不見得會順利。用 Scrum 是否能拿出成果，得看實際參與的現場人員。為了確保達成期待事項，在 Scrum 中會一點一點地進行確定的事情，然後再根據結果思考下一步要怎麼做。Scrum 不會忽視進行不順之處，只是提供以下事項，幫助解決問題。

- 易於識別不順之處
- 有機會解決實際上不順之處
- 有機會為了順利進行而改變做法
- 稍微改變做法的影響不大

是否能活用這幾點，就要看 Scrum 團隊了。如果不順之處放著不管，就無法達成預期目標。自己發現的問題必須自己解決。

Scrum 是能發現問題的簡單方法啊

能發現工作環境問題的，只有在其中實際進行開發的人員，而擁有解決問題智慧的，也是這些現場的人員。越早處理問題就越能得到成果。像這樣以實際現場的人員為主，發現潛在問題、改善工作方式並解決問題的方式有個名字，是的，就是改善法（Kaizen）。此法誕生於日本製造業，是以工作現場的作業人員為中心，持續改善工作現場環境。這樣的活動已經成為 Scrum 中的一個重要元素。

如果不實施改善法，會如何呢？在 Scrum 中所重視的，是改善所打造的產品，使其變得更好。這樣可以付諸實踐覺得會更好的事情，並聽取其他人的意見，再根據這些回饋意見進一步改善。然而如果進行開發的 Scrum 團隊自身總是出現問題，就會被自己的問題搞得天翻地覆，也不可能改善其產品。為避免此種狀況，改善法對於 Scrum 團隊要維持在良好狀態是很重要的。

為了讓產品變得更好，改善法是很重要的啊

當然，沒有一個 Scrum 團隊可以從最初就完美無缺，小僕的 Scrum 團隊也不例外。這就是為何在實踐篇中，有兩件 Scrum 的重要事項沒有提到。

第一個是關於 Sprint 回顧（Sprint Retrospective），此活動也被稱為「回顧檢討」。Sprint 回顧是幫助 Scrum 改變並改善工作進行方式的事件。為了讓打造的產品更好，Scrum 團隊本身也得變得更好。例如，為了讓使用者操作更順手，所以引入紙上原型設計，或者是為了讓大家都會寫測試程式碼，所以空出了進修的時間。我們必須思考如何才能一直改進工作方式。

然而，早期的 Sprint 回顧通常是在解決處理 Sprint 中所發生的問題，小僕他們應該也是如此。我們怕會誤導大家對 Sprint 回顧原始樣貌的理解，所以在實踐篇中沒有提到。

原來 Sprint 回顧不是解決問題的事件啊

還有一件事沒有提到，是關於產品的思維。產品（product）是一個術語，指的是 Scrum 團隊所創造的全部內容，以這裡的例子來說，就是指業務支援系統本身。Scrum 團隊會致力於各項事務以改善產品，例如因為輸入資料太耗費時間，所以總會討論說要追加輔助功能，但一開始這些產品改善相關活動可能無法順利進行，所以最初往往把重點放在如何順利進行開發。我們不覺得小僕他們能夠專注於產品並順利進行，所以沒有在實踐篇中提到。但即使開發順利進行，也不代表能夠達成其他人的期待。完成的產品到底能夠改善到什麼程度，真的很重要。

盡可能改善產品是很重要的啊

到底能否成為一個持續滿足其他人期待的 Scrum 團隊呢？我們不能忽視那些還只是隱約感覺到的問題。為了讓產品更好，大家要共同努力思考，不要遵循既定的工作方式，而是要為了能更好地進行工作去改變。此外，新技術不斷出現，大家所期待的也越來越難。

但其實任何人都做得到，只要一點一滴地持續學習和進步。當然要學的東西還很多。

如果你是開發團隊一員，那麼就發展工程相關技能以寫出更好的程式碼，或是學習如何幫助設計和產品負責人，協助做出更好的產品；如果是 Scrum Master，可以學習如何教導他人，並學習如何與組織打交道，防止辛苦建立的 Scrum 團隊解散等事情發生；如果是產品負責人，世上有很多知識可以用來讓產品更討人喜歡，可以多加學習。

而 Scrum 團隊全員都應該思考，作為一個團隊該如何精進開發，並培養溝通技能以充分傳達自己的想法。

要逐漸學習進步，
成為一個優秀的 Scrum 團隊啊

這些全部都是在每日活動中透過 Scrum 可以學到的事情。隨著 Sprint 進行，會發現有些工作需要的領域知識還不太了解。你可能會想說雖然之前沒有做過但這樣更好，然後可以跟其他人一起努力。雖然需要一些努力，但可以體驗之前不知道的東西，同時還能學到東西，如此反覆進行，Scrum 團隊就會有所成長。小僕他們的 Scrum 團隊經歷了好多 Sprint，最後就成長了許多不是嗎？一個好的 Scrum 團隊就是這樣建立的。

透過每天的活動體驗然後學習啊

我們相信 Scrum 的本質就是這種在團隊中學習的機制，而這就是我們喜歡 Scrum 的原因。

要做出讓所有人都滿意的產品並不容易，而且需要各種知識和技能，但這並非擁有高超技能的人才能享有的特權。即使是我們這些技能平平的人，如果用團隊的方式持續學習，總有一天也能做出引以為傲的代表作。

Scrum 當然並非改善團隊開發的唯一方法，還有許多其他方法也可以，但我們透過 Scrum 等敏捷開發方式學到了很多。我們認為這對大家的團隊也會很有用，所以寫了這本書分享給大家。如果因為這本書而讓各位想嘗試看看 Scrum，幫助各位的團隊成長或採取行動學習知識，我們會非常高興。

Scrum 是一種體驗和學習的機制啊

好的，想說的就是這些，暫且在此打住。Scrum 是一個反覆從體驗中學習的過程，請大家務必在自己的工作環境中嘗試看看。

這本書述說的並非 Scrum 的全部，只是我們所學到的東西而已，我們也還在學習，所以請大家分享自己的經驗，譬如「我們 Scrum 正在這麼做」，或是「這裡的產品負責人關心的是這樣的事情」等，然後告訴大家「雖然書上沒有寫，但我發現了一些重要的事情」。

相信有一天在各個工作現場，我們會自然而然地互相傳授各自所學。有些事情已經發生了變化，感覺每天的工作都令人興奮。我們相信這樣的一天終會到來，也期待這一天的到來。

請繼續和我們一起學習更多更多的知識！

請說
你先說

好我先說，業務部長對系統印象非常好，打算爭取追加開發預算

而且我還是產品負責人哦
太好了
知道為什麼嗎？

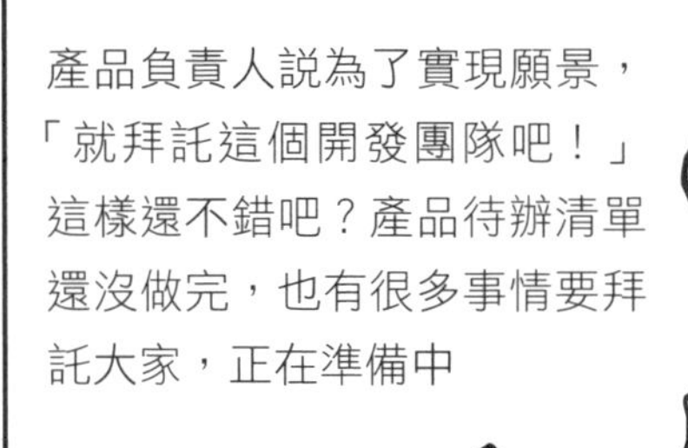
產品負責人說為了實現願景，「就拜託這個開發團隊吧！」這樣還不錯吧？產品待辦清單還沒做完，也有很多事情要拜託大家，正在準備中
太好了
我正打算在下個開發中提出類似建議，部長也對結果很驚訝，吵著要我提供更多資訊

我也正在整理這次的經驗，包括對公司來說需要怎樣的支援，等小君有空再一起討論吧
太棒了！這樣很好耶！

我們可以一起思考，讓彼此的想法都能順利進行，如何？
好耶！

欸，都8點半了，今天該結束了吧？
嗯
20:30

既然都遇到了，要不要一起去吃個飯？
贊成♪
肚子咕嚕咕嚕叫～我先去拿一下包包

這個故事中登場的 Scrum 團隊，

是參考各個實際工作環境中

所接觸到的許多 Scrum 團隊

Special Thanks to

角谷 信太郎

James O. Coplien

市谷 聡啓

上田 佳典

柴田 博志

原田 騎郎

松元 健

飯田 意己

及部 敬雄

森 一樹

岩崎 奈緒己

宇畑 洋介

高橋 一貴

中村 薫

安井 力

太田 陽祐

須藤 昂司

スクラム道

因為許多人的支持，這本書才能問世啊

喂？副組長
嗎？現在我
們要去……
RRRR……
哦，在講電話啊

乾杯～
咦？

這不是 PO 跟
小僕還有副組
長嗎？
知道了
知道了
嘰哩
呱啦
之後的追加開
發也是同樣的
團隊

哦!!
晚安～！
可以一起坐嗎？
當然當然

這樣的話要不要
也叫其他人來？
叫那兩個
也來～！
好啊！
哦!!
不好意思，
那個，廁所
在……

嘿～！UX 君！
乾杯吧！
哦!!

乾杯～!!

希望我們的經驗可以幫到大家
我們有失敗，反覆試錯，還從中學習與成長呢，我們還是做得不錯的

好，差不多該講一下了

我相信下次可以做得更好！
至少之後可以輔導新人了

我們還會繼續下去，如果大家有什麼困難，也可以來找我們聊聊
我們一起繼續學習吧

那麼下次就聽聽各位的故事吧！
大家一起加油！！
To be continued

致謝以及作者簡介

代表作者致謝

這次承蒙許多人的協助才能更新《SCRUM BOOT CAMP THE BOOK》的內容，想藉此機會致上感謝之意。原本應該要向所有人表達感謝之意，但在這裡只能用摘要的方式，還請見諒。

首先要感謝至今為止讀過《SCRUM BOOT CAMP THE BOOK》的眾多讀者。這本書始於 2012 年的一個想法：「想以通俗易懂的方式，對不了解敏捷開發的人傳達團隊實踐 Scrum 的樣貌！」我從沒想過在這麼長的期間內，會有這麼多的人讀過這本書。除了感激，也很高興這本書可以幫到那些在各種工作現場初次實踐 Scrum 的人。

再來要感謝翔泳社的諸位，他們很有耐心地鼓勵我們「為了將來的人，我們來進行修訂吧！」特別感謝岩切晃子和片岡仁，因為有他們，才得以再次將這本書呈現給讀者，我想藉此機會再次對寫作過程中造成的任何不便表示歉意。

還要感謝所有至今協助過《SCRUM BOOT CAMP THE BOOK》的人員，包括第一任編輯近藤真佐子、插畫家龜倉秀人、發行時撰文的角谷信太郎與 James O. Coplien，以及熱心提供指點和鼓勵的書評家，有他們才有現在這本書。能一起寫作對我們來說是非常寶貴的財富。

最後感謝敏捷開發的眾多前輩，這本書寫作的契機以及重要主軸，正是來自前輩們傳授的經驗和智慧所形塑的。希望修訂後的書能以更易懂的方式，傳達前輩們所珍視的東西。若能如此，也要感謝至今所有讀者和幫助過我們的人。

西村 直人

西村 直人（にしむら なおと）

SMS 公司（株式会社エス・エム・エス，SMS Co., Ltd.）／敏捷團隊後援會（一般社団法人アジャイルチームを支える会，Agile Team Supporters in Japan）。

2005 年開始實踐敏捷軟體開發。自從接觸極限程式設計以及在永和系統管理公司開發以來，抱持著「想增加更多優良團隊，讓大家能透過敏捷開發為公司業務做出貢獻」的想法在努力。審譯了《アジャイルサムライ》（Agile Samurai，敏捷武士）一書，且持續支援給初學者的「Scrum Boot Camp Premium」培訓和活動。

https://nawo.to/　　Twitter：@nawoto

開始進行敏捷開發的契機是來自一本書，後來不知不覺就有了「想寫一本關於敏捷開發的書看看」的夢想。感謝另外兩位作者以及許多人的幫助，我的夢想才得以實現，也就是《SCRUM BOOT CAMP THE BOOK》這本書。這次我得以重拾激情再次執筆，要感謝妻子惠實的愛，我總是很感激她用笑容支持我，度過快樂健康的每一天。還要感謝所有平時在現場參與的團隊成員和敏捷團隊後援會成員，大家的對話和啟發讓我得以在書中描繪出想傳達的團隊新風貌。此外還要感謝工作和社群中所遇見的人，有了他們，我才能寫出本書內容。也希望有朝一日，人和以及鈴可以拿起這本書，帶著一點自豪閱讀。

最後，在本書撰寫時（2020 年 4 月），外界環境變動很大，帶來很多影響，不知道變化會在何時何地開始，而 Scrum 並不是唯一的答案。儘管如此，還是希望本書能成為各位讀者享受變化的契機及助力。

永瀬 美穗（ながせ みほ）

株式会社アトラクタ（Attractor Inc.）Founder 兼 CBO / 敏捷教練。在委託開發現場擔任軟體工程師，擔任組織管理者，導入並實踐敏捷。除了敏捷開發導入支援、教育培訓、輔導等，還致力於大學教育和社群活動。

Scrum Alliance Certified Scrum Professional (CSP) / Certified ScrumMaster (CSM) / Certified Scrum Product Owner (CSPO) / Certified Agile Leadership (CAL1) / Project Management Professional (PMP)。

目前（2020 年）擔任產業技術大學院大學特聘副教授，以及東京工業大學、筑波大學、琉球大學的兼職講師。Scrum Gathering Tokyo 執行委員會理事。著作有《SCRUM BOOT CAMP THE BOOK》（翔泳社），譯作包括《Agile for Everybody》、《Beyond Legacy Code》、《Agile Coaching》、《Joy, Inc.》。

http://about.me/miho　　Twitter：@miholovesq

值此增補修訂版出版之時，要感謝翔泳社的大家、專欄作者、插畫家龜倉先生，以及兩位共同作者。最重要的是感謝所有讀者。八年前啟動初版專案時，誰會想到本書會在這麼長的期間中常被提及並且受到愛戴？但願本書今後也能成為各位生存於此不可預測世界的良伴。

Have a nice beer!!

吉羽 龍太郎（よしば りゅうたろう）

株式会社アトラクタ（Attractor Inc.）Founder 兼 CTO / 敏捷教練。從事顧問與培訓，主要領域為敏捷開發、DevOps、雲端計算。曾任職於野村綜合研究所及 Amazon Web Services。

Scrum Alliance Certified Team Coach (CTC) / Certified Scrum Professional (CSP) / Certified ScrumMaster (CSM) / Certified Scrum Product Owner (CSPO) / Certified Agile Leadership (CAL1)。Microsoft MVP for Azure。青山學院大學兼職講師（2017-）。

著作有《業務システム クラウド移行の定石》（商業系統上雲端的準則，日經 BP 社）等，譯作包括《Agile for Everybody》、《Beyond Legacy Code》、《Effective DevOps》、《看板實戰》（Kanban in Action，Manning）、《Joy, Inc.》等。

https://www.ryuzee.com/　　Twitter：@ryuzee

2011 年 4 月，我們被和田卓人在「縱 Summit」（Developers Summit 的重現）的演講所震撼，決定要做點什麼，然後就舉辦了一日活動給剛開始用 Scrum 的人。我們將該活動命名為「Scrum Boot Camp」，還記得我們假日聚會了好多次來舉辦這項活動。

我從來沒想過這個名字能存活將近 10 年，感謝所有參與 Scrum Boot Camp 活動的人，也感謝閱讀過本書（包括初版）的許多人。

下一個 10 年又會如何呢？

專欄作者

飯田 意己（いいだ よしき）
曾在製作公司、貿易公司擔任工程師、Scrum Master 和產品負責人，曾管理過整個工程組織。致力於建立敏捷組織，從現場的團隊建設到整個公司的跨部門改善。敏捷團隊後援會理事。

Twitter：@ysk_118

太田 陽祐（おおた ようすけ）
任職於 Dwango 公司的軟體工程師，借調至 TRISTA 公司（現已合併至 Book Walker 公司）。TDD YY 會副代表。每天都致力於團隊發展，讓團隊和產品都變得更好。喜歡的活動是 TDD 和群體程式設計（mob programming）。

Twitter：@y0t4

及部 敬雄（およべ たかお）
電裝公司（DENSO）會唱歌跳舞的工程師，敏捷團隊後援會理事，AGILE-MONSTER（個人事業）。身為敏捷開發實踐者，致力於建立最強團隊，並以各種方式分享在該領域的知識經驗。最近常在推廣群體程式設計。座右銘是「讓汽車業降下黃金雨」。

https://takaking22.com/
Twitter：@TAKAKING22

須藤 昂司（すどう こうじ）
喜歡產品開發和團隊開發的程式設計師。內心深處永遠是名 Scrum Master。登台經歷有 JJUG CCC (Japan Java User Group, Cross Community Conference) 等。喜歡 TDD，最喜歡的測試框架是 Spock。每天都在努力逐步改善現在的環境。

https://su-kun1899.hatenablog.com/
Twitter：@su_kun_1899

森 一樹（もり かずき）
野村綜合研究所 Team Facilitator。對團隊施展強化魔法的人。敏捷團隊後援會理事。為了推廣愉快的回顧檢討而在日本全國活躍中。著作有《ふりかえり読本シリーズ》（回顧讀本系列）、《チームビルディング超実践ガイド》（團隊建設超實踐指南）。在「ふりかえり am」（回顧 am）有定期節目。

https://hurikaeri.hatenablog.com/
Twitter：@viva_tweet_x

加深理解的參考閱讀資料

寫作這本書時，我們參考了前人寫的大量文獻。除了本書之外，還有許多關於敏捷開發的書籍，我們從中選出一些，各位在讀完本書後若還想更深入地瞭解，可以參閱這些書。

Scrum Guide
作者：Jeff Sutherland, Ken Schwaber
https://scrumguides.org/
提供免費下載（有中文版《Scrum 指南》）

The Agile Samurai: How Agile Masters Deliver Great Software
作者：Jonathan Rasmusson
出版：Pragmatic Programmers, LLC
ISBN：978-1-9343-5658-6

Agile Estimating and Planning
作者：Mike Cohn
出版：Pearson
ISBN：978-0-1314-7941-8

Agile Retrospectives: Making Good Teams Great
作者：Esther Derby, Diana Larsen
出版：Pragmatic Bookshelf
ISBN：978-0-9776-1664-0

Kent Beck 的測試驅動開發：案例導向的逐步解決之道
作者：Kent Beck　譯者：陳仕傑 (91)
出版：博碩文化
ISBN：978-9-8643-4561-8

The Pragmatic Programmer 20 週年紀念版
作者：David Thomas, Andrew Hunt　譯者：張靜雯
出版：碁峰資訊
ISBN：978-9-8650-2275-4

使用者故事對照：User Story Mapping
作者：Jeff Patton　譯者：楊仁和
出版：歐萊禮
ISBN：978-9-8634-7946-8

カイゼン・ジャーニー（Kaizen Journey）
たった1人からはじめて、「越境」するチームをつくるまで（從只有一個人開始，到建立「跨越邊境」的團隊）
作者：市谷聰啟、新井剛
出版：翔泳社
ISBN：978-4-7981-5334-6

Agile Coaching
作者：Rachel Davies, Liz Sedley
出版：Pragmatic Bookshelf
ISBN：978-1-9343-5643-2

Essential Scrum：敏捷開發經典（中文版）
作者：Kenneth S. Rubin　譯者：阮聖傑、胡重威、黃柏勳
出版：博碩文化
ISBN：978-9-8643-4110-8

SCRUM：用一半的時間做兩倍的事
作者：Jeff Sutherland, J.J. Sutherland　譯者：江裕真
出版：天下文化
ISBN：978-9-8647-9419-5

アジャイル開發とスクラム（敏捷開發與Scrum）
～顧客・技術・経営をつなぐ協調的ソフトウェア開發マネジメント（連接顧客、技術、經營的協作式軟體開發管理）
作者：平鍋健兒、野中郁次郎
出版：翔泳社
ISBN：978-4-7981-2970-9

The Scrum Field Guide: Agile Advice for Your First Year and Beyond
作者：Mitch Lacey
出版：Addison-Wesley Professional
ISBN：978-0-1338-5362-9

Extreme Programming Explained: Embrace Change
作者：Kent Beck, Cynthia Andres
出版：Addison-Wesley
ISBN：978-0-3212-7865-4

小僕注意到的重要事項

下面是小僕在 Scrum 專案中所注意到的一些事情，各位遇到問題時也可作為參考。

INDEX

■ 英文

■ 2 劃

■ 3 劃

■ 4 劃

■ 5 劃

■ 6 劃

■ 7 劃

SCRUM BOOT CAMP｜23 場工作現場的敏捷實戰演練

作　　者：西村直人 / 永瀨美穗 / 吉羽龍太郎
裝訂/文字設計：和田奈加子
插　　圖：亀倉秀人
專欄寫作：飯田意己 / 太田陽祐 / 及部敬雄
　　　　　須藤昂司 / 森一樹
譯　　者：游子賢
企劃編輯：莊吳行世
文字編輯：王雅雯
設計裝幀：張寶莉
發 行 人：廖文良

發 行 所：碁峰資訊股份有限公司
地　　址：台北市南港區三重路 66 號 7 樓之 6
電　　話：(02)2788-2408
傳　　真：(02)8192-4433
網　　站：www.gotop.com.tw
書　　號：ACL061400
版　　次：2022 年 03 月初版
建議售價：NT$500

國家圖書館出版品預行編目資料

SCRUM BOOT CAMP：23 場工作現場的敏捷實戰演練 / 西村直人, 永瀨美穗, 吉羽龍太郎原著；游子賢譯. -- 初版. -- 臺北市：碁峰資訊, 2022.03
面；　公分
ISBN 978-626-324-088-9(平裝)
1.CST：專案管理　2.CST：軟體研發　3.CST：電腦程式設計
494　　111000827

讀者服務

- 感謝您購買碁峰圖書，如果您對本書的內容或表達上有不清楚的地方或其他建議，請至碁峰網站：「聯絡我們」\「圖書問題」留下您所購買之書籍及問題。(請註明購買書籍之書號及書名，以及問題頁數，以便能儘快為您處理)
http://www.gotop.com.tw
- 售後服務僅限書籍本身內容，若是軟、硬體問題，請您直接與軟體廠商聯絡。
- 若於購買書籍後發現有破損、缺頁、裝訂錯誤之問題，請直接將書寄回更換，並註明您的姓名、連絡電話及地址，將有專人與您連絡補寄商品。